香談

東と西

山田憲太郎著

法政大学出版局

目次

序・香談 1

第一部 脂粉の香……9

精力的な麝香《じやこう》（ムスク） 9

金髪碧眼の女の追風と竜涎香（アンバーグリス） 16

竜涎香の成因—怪談から事実へ 23

霊猫香（シベット）の話 34

腋臭（わきが）は胡臭である 41

正倉院の臥褥（閨房）の香炉 50

第二部 甘美の香……57

乳香は神、没薬は医師、黄金は王 57

ソロモン王とアラビアのサバの女王 73

アレクサンダー大王のアラビア遠征計画 79

植物学の元祖・テオフラストスの乳香と没薬 85

幸福なアラビア 92

プリニウスの乳香と没薬　97
インド洋（エリュトゥラー海）案内記の現実　101
南アラビアのサバのゆくえ　107
第三部　幽玄の香……113
沈香の匂い―幽玄を求めて　113
せんだん（白檀）とさらし首をかけた木　121
せんだん（白檀）は吸血鬼である　129
楊貴妃と竜脳　135
第四部　味覚の匂い……141
風味と薬味と香辛料　141
黄金の国・西アフリカのマリ王国を求めて　148
ポルトガル人のアジア進出はアニマ（霊魂）とスパイス（胡椒）のためだという　158
セイロン肉桂（シンナモン）の出現　178
血であがなわれたセイロンのシンナモン　186

ベニスの喉頸をしめているマラッカの王　192
世界はまるいことを証明してくれたモルッカのスパイス　199
いたずらに赤きを誇る唐辛子　213

第五部　雑　篇……227

鬼市（Silent trade）考　227
熱帯アジアのチューインガム　244
シーロン島縁起—獅子はいないのに獅子の島という　253
十六世紀前夜のインド商人　262
南蛮物語—日本におけるキリスト教時代　268
日本での愛人の像を畢生の大著にのせたシーボルト先生　282
あとがき　294

序・香談

眼もて視るべきにあらず、耳もて聴くべきにあらず、身の触るべく、舌の味はうべきにもあらず、ただ鼻のこれを受けて、其性を知り、其能を悟り、其の辨別取捨を為すに至るを得るもの、これを言辞に「にほひ」と云ひ、「か」と云ひ、文字に「香」といひ、「臭」といふ。世界は広大なりといへども、人の「眼・耳・鼻・舌・身・意」に対する「色・声・香・味・触・法」の六に尽く。にほひは色声等の五と共に、全世界を分ちて其六の一を占む。にほひの領域の広大なること知る可し。されど人の始まりてより、人のにほひに心を用ゐ意を致すこと未だ博く深からず。微眇幽玄の境は、大洋の底の如く、極星の下の如く、いたづらに空しく打捨置かれたり。上古以来、人の知識は記され、情感は詠ぜられ、意図は議され、記録となり、詠歌となり、議論となり、載籍乃ち成る。茫茫何千年、載籍の多き、ただに河沙天皇のみならず。しかもにほひにかかるの専書、いくばくか世に存せるぞや。人のにほひを待つこと、嗚呼また薄いかな。おもふに造物の人に賦するに鼻を以てし、鼻に与ふるに面門の主位を以てするもの、豈にほひの人に薄《うと》んぜらるること是の如くにして、而して已むを期するならんや。（原文のまま）

これは幸田露伴道人（一八六七―一九四七年）の「香談」（中央公論、昭和一八年一月号）の冒頭である。クレオパトラの鼻、それがもうすこし低かったら世界の歴史はまったく変っただろうという有名な言葉はあるが、香《こう》と臭《しゅう》、すなわち匂いについて語ること記されることのすくないのは事実である。とくにわが国では、その感を深くせざるをえない。道人は明治・大正年間に大成された文豪である。晩年になって「香」に意をとめられ、「か、気、かぐ、かをり、こり、かう、かざ、くさし」などの字義から、香と臭について名文を残しておられる。それは香の煙のなかに生じる匂いを、鼻で感じ知って、香となり、臭となるものだという。そしてこのような匂いの世界を、道理が奥ふかくてなかなか知りがたい境地のなかに見出すという。さらに道人の一文をあげよう。

雨ふらんと欲して鳴鳩日永《めいきゅうひなが》く、帷《とばり》を下す睡鴨春間《すいおうしゅんかん》なり、是の如きの時に香を賞す、また楽しからずや、繚繞窮《りょうじょうきわ》まり無くして合して復《また》分れ、絲々《しし》空に浮みて散じて氤氳《いんうん》たり、是の如きの香の烟《けむり》のさま、観るもまた愛すべからずや、

薄く散ず春の江《こう》の霧、軽く飛ぶ暁《あかつき》の峡《はざま》の雲、是の如くに香の態を看取《かんしゅ》す、また悦《よろこ》ばしからずや、去つて着くところ無く、来るも従《よ》るところ無し、是の如くに香の性を解く、また玄趣《げんしゅ》の人をして莞爾《かんじ》たらしむる無からずや、

几に隠《よ》りて香一炷《いっしゅ》す、霊台虚明を湛《たた》ふ、是の如くに香の徳を言ふ、これも亦可《またか》ならずや、如是《にょぜ》如是。（一色利厚、香書、昭和一六年、題辞）

道人は香を焚いて発する煙のなかに匂いを感じ、そのすがた（態）を雲煙と見てとり、その性（本質）を至妙の理とさとり、その徳を広大無辺な心に通じるものとした。そして香の煙のなかの匂いに、楽と愛と悦《よろこび》を見出している。なんだかわかったようでわからないふしもあるが、匂いを極めて高踏的な微眇幽玄の世界に捕えているようだ。

このように、いささか浮世をはなれたような時点で匂いを感じとり知ろうとするのは、現代以前の

香料において、日本・中国・インド、とくに中国を中心とした東方アジアの香料の使用が、沈香木《じんこうぼく》という香木を主として焚いて、その匂いをもっぱら楽しみ、香料（すなわち匂い）は沈香木であると見なしたからである。おくゆかしいまでに清く澄みわたり、清淑なようで、深く鼻の奥までつきさす微妙な匂いを蔵している香木である。だからこの匂いは鼻の奥を通じて、心のなかでさとるところのものであるという。匂いを聞くことから、知ることであり、悟ることであるという。沈香木の匂いになじみのうすい人にとっては、いよいよもってわからない、知ることのできない匂いの世界であろう。

そこでもうすこし考えて見よう。私たちが古くから使用した昔の匂いは、単に香木や樹脂などを焚いて、すなわち焚香料《ふんこうりょう》（incense インセンス）の香の煙だけから、匂いを感じ楽しんだのではなかったということである。もちろん東西の両世界を通じ、古代・中世では、インセンスが香料として重要な地位を占めていたのは事実であるが、これだけが香料の全部ではなかった。温熱・乾燥あるいは湿度の高い地帯では、化粧料（cosmetics コスメチック）に香料を加えて、体臭をやわらげ、あるいは調和させようとしている。古く古

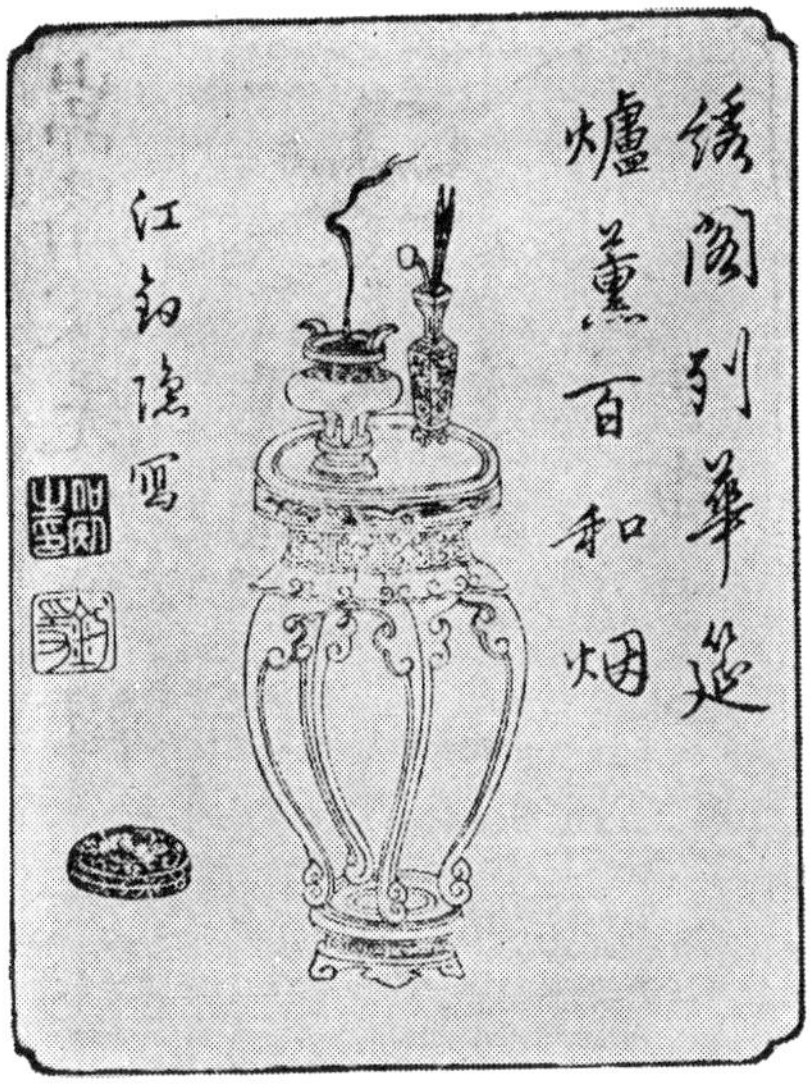

たちのぼるかすかな香の煙に匂いを感じる

代のインドで、香とは穢を去るものだといっているのは、この意味である。匂いあってこそそのコスメチックである。

それから、匂いと味と特有な刺激をかねそなえている香料を、飲食料品に加味して、食欲をそそり、肉体と精力の増進をはかろうという香辛料《こうしんりょう》（spices　スパイス）がある。日本では「風味《ふうみ》の香」などといって、淡いほのかな季節の香りや単純に辛いものをさし、単に飲食品の添えものとしているが、スパイスの本体はそうではない。酸（すっぱい）辛（からい）苦（にがい）甘（あまい）鹹（しおからい）などの味と匂いと刺激があって、微妙な味と匂いのハーモニーを形づくってくれる。すなわちスパイスと飲食物が一体となって、私たちの日常生活を満足させるところに、スパイス本来の意味がある。

そうすると私たちが使用する匂いは、鼻で感じて心でさとるもの、身体の各部門に塗ったりつけたりして皮膚の感触と鼻の感じとを合わせて楽しむもの、口に入れて味と刺激とともに匂いを感じるものの三つとなる。匂いの世界の広大なことは、露伴道人が観じた以上である。

このように、眼（色）・耳（声）・鼻（香）・舌（味）・身（触）・意（法）の六つの感覚のうち、鼻（香）を主としながら舌（味）と身（触）から意（法）の四つにおよぶ私たちの匂いは、単に微眇幽玄などというような文句でかたづけてよいものだろうか。私は東と西の香料の歴史をさぐっているあいだに、もっと人間的なそして現実的な匂いが、厳として存在していることを知るにいたった。それで焚香料（インセンス）・化粧料（コスメチック）・香辛料（スパイス）の三つを通じ、私たちが喜び楽しんだ匂いの様相（mode　モード）を、私なりに表示して見よう。

香気	様態	性格	根源
甘美	艶麗華美	人間的	草花・樹脂
幽玄	清澄優雅	高踏的	香木・樹脂
薬味	五味刺戟	現実的	草花・皮・実・根

昔の東アジアでは、匂いといえばインセンスだけであると考え、幽玄な香木を焚いて感じる高踏的な匂いを、香の世界であるとせまく解釈していたのであった。しかし西方の世界では、古代から甘美な（スウィート sweet であるとともにビッター bitter をかね合せた）乳香《にゅうこう》や没薬《もつやく》などの樹脂類（fragrant gum resin）を焚き、地中海世界のローズ、バイオレット、ラベンダーなどの草花に、人間的な愛情をあらわにこめた華美で艶麗な匂いを求めていた。そして食欲をそそり、生命を養い肉体的な活力（エネルギー）を充実するスパイスを、香料の一つとして認めている。とくに中世の末から近世の初めにかけて、スパイス大流行の時代が出現し、香料はスパイスであると見なされたほどであった。東方の中国でも、中世の末から南アジアのスパイスを盛んに使用していたが、この場合、中国人はスパイスを料《りょう》物《ぶつ》といって、生命を養い活力を増進する薬物として認め、香（料）本来のなかにふくめていない。かれらからすれば、高踏的な香木の匂いだけが香（料）であって、現実的な味と刺激と匂いのスパイスは、延命長寿の秘薬だというわけである。それは飲食品の単なる添えものではない。それがあってこそ、飲食品は初めて生き生きとしてくる。だから日本流の風味以上の存在である。薬味という方が、

むしろあたっていよう。

それからコスメチックの匂いは、黒色と白色系の人種にはなくてならないものであったが、黄色系の人種は黒と白ほど体臭が強くないから、香料をあまり加えない、単に顔や髪などの色つやをよくする化粧料で満足していた。だから昔の東アジアでは、コスメチックとしての匂いは、だいたいにおいて見るべきものがなかった。しかし白色と黒色の人びとの世界では、匂いがコスメチックの中心であった。そして現実的な人間生活の匂いでなければならなかった。

さて私たちの匂いは、甘美・幽玄・薬味という三つの匂いだけで満足されただろうか。実はそうではない。いまひとつ欠けているものがある。それは人間として大切な、わすれてはならない脂粉の匂いである。

香気	様態	性格	根源
脂粉	幽艶助情	精力的	動物・樹脂

多くの人びとは、艶麗で華美な、清澄で幽玄な、味と刺激と匂いの三つのモードを楽しみながら、匂いといえばなまめかしい助情の世界をまず思い出す。私たち人間世界の歴史で、香料すなわち匂いの使用は、呪術的な宗教儀礼（礼法）と助情的なものから発している。これは人間として否定することのできない根本的な性状に根ざすものであろう。そして香料を焚いて恍惚の境地を知り、身体に塗布してけがれを去り、食欲をそそってエネルギーの充実をはかろうとした。

古く中国人は、沈香木の幽玄な匂いを、温藉《うんしゃ》（おくゆかしく）豊美（ゆたかでうつくしい）で心を清め神をよろこばすものと見たが、つんと鼻の奥底までつきさすような匂いであるから、昏鈍《こんどん》の（目がくらんで精神がにぶるような）気を感じ、清婉（清くしとやか）な味を知りながら、紅袖の熱意すなわち助情の気をはらんでいるという。極めて高くとまって、一見したところ浮世ばなれしたような幽玄な匂いに、愛と楽と悦を求めているようであっても、なまめかしい脂粉の香をどこかにわすれてはいない。

甘美・幽玄・薬味の三つの匂いは、脂粉の香《か》すなわち精力的なものを立脚点として、それぞれ人間生活の匂いとして存在している。このように解することによって、私たちの匂いである香料は、古今東西を通じて使用される。露伴道人は、香木を焚いて感じる幽玄の香《こう》をもって匂いであると観《かん》じた。私は、より広い匂いの世界のあることを知って、面門（顔）の主位を占める鼻の偉徳と匂いの歴史を語りたい。

第一部　脂粉の香

精力的な麝香《じゃこう》（ムスク）

臭くて汚ないことであるが、私たちは普通の健康な生理状態であれば、だいたい一日に一回は便通をもよおす。自分の身体から排泄されたことにまちがいはないが、あの色と姿と匂いだけは、どうもほめたしろものではない。

昔の中国の高貴な女性は、深い井戸式に掘った便所を作って、はるか地の底にたまっている水の中にポーンと落下させたという。それも数年たったらどうなるだろう。新しいのを掘って、つぎつぎに便所をこしらえたのだろうか。かれら女性は、自分の排泄物を自分の目で見ることはもちろん、他人から見られることを極端にきらったという。だから想像以上の深い深い井戸式であった。かの女ひとりの専用で、他人の使用を絶対に許さない。ひとり一代かぎりの便所である。それでも落下すると、はるかにポーンと音がする。そこで考えた。鳥の羽毛を深い井戸の底に沢山しきつめる。そうすれば、音はしないでふんわりと、かの女の排泄物は羽毛につつまれ人間の目で見られないですむ。

しかしである。排泄物の臭気は、はるかな暗闇の地の底から匂ってくる。そこでかの女は、常時ムスクをほんのちょっぴり服用することにした。かの女の排泄物は、微妙な佳香を発して、さすがは絶世の佳人の生産物であることを証明してくれる。そしてかの女は精力絶倫であるという。これは中国・唐代の秘話である。私の話をうそというなら、中国の古書を見てもらいたい。

強精秘薬としてのムスクの存在は、古今東西を通じ厳としているから恐ろしい。マス・コミなどで、ムスクその他の高貴薬を使っているとよく宣伝している。私はテレビや新聞その他の広告で、その実例をよく見せられる。ところがムスクそのものの実体を知っている人は、案外すくないようだから、ここにそれを記してみよう。

ムスクは麝香鹿《じゃこうじか》(musk-deer)の牡《おす》の生殖腺分泌物である。この鹿の生息しているところは、インドの北辺にひろがるヒマラヤ山脈の高原。そしてチベットの高原から、それにつづく中国の雲南《うんなん》の山地。さらに中国の中央アジアの高原からシベリアにつながる山岳地帯である。険阻な山間を敏捷に活躍している鹿の一種である。ここにその絵をあげておく。それは一八五九年に、大淵棟庵《とうあん》が編述した『麞《しよう》麝考《じゃこう》』にのっている精巧な木版画である。オランダの博物書から模写したのであるが実によく描写されている。今から一一〇年ほど前の絵であるが、ムスク・ディアの生体をまのあたりに見ることができるようだ。

さらに重大な問題は、このような鹿の生殖腺の分泌物であるというムスクの、存在する場所である。牡の鹿の一物《いちもつ》であって、ふたつとは無いという。次の絵を見てもらいたい。くどい説明をするまでもなく、はっきりわかる。牡のムスク・ディアが、かの女である牝《めす》の鹿をおびきよせるための唯一のしろものである。ムスクの袋（musk-pod）のなかに充満しているムスクの小粒、それはだいたい猟銃の散弾ほどの大きさであるが、袋の小さい穴からほんのすこしずつ逸出して、かの氏はかの女をさそう。強力な臭くて臭くてたまらない匂いを発散させて、はるかのかなたからでもわかるという。

人間氏は、ごく古くからこの微妙な匂いと、その絶大なききめを知って、牡の鹿の一番大切なしろものを取り上げることを発見した。牡鹿の生命をたって、かれの唯ひとつのものを、そっくりそのままちょうだいしたのであった。ムスクの袋は産毛《うぶげ》のあるうすい膜でつつまれ、ブルーでやや透明に近く、かすかにムスクの小粒が充満しているのがすかして見える。ブルー・スキン（blue skin）というムスクの極上等品である。

麝香鹿（1859年板）

ところが思春期に入った牡鹿が、好きな配偶者（better-half）にどうしてもめぐり会うことができないと、性的な衝動にたまりかねて、山間の

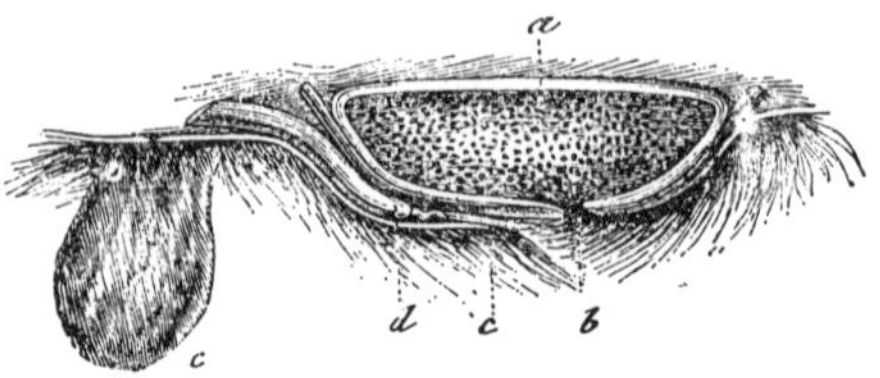

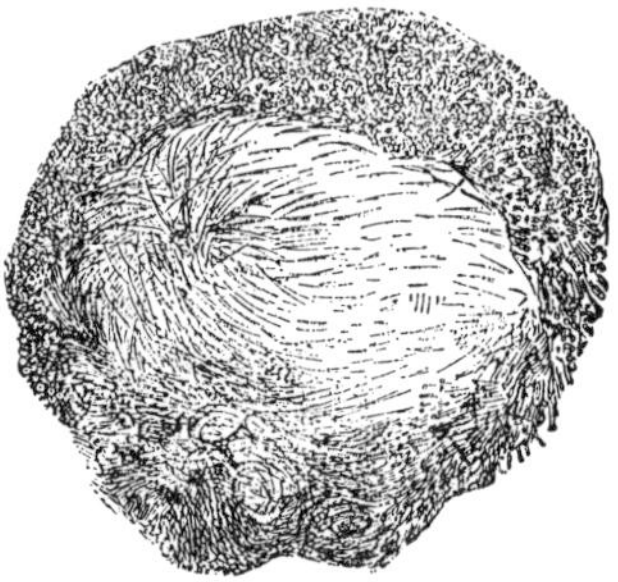

図A　aじゃこう囊の横断面（内部にムスクの粒がいっぱいつまっている）
bムスクの溢れ出る口
c尿道内の腺分泌管
図B　ムスクの袋（実物大）

ムスク・ポッドとその所在を示す図

岩石の上などに遺精をもらすことがある。その時かの氏は、同時にムスクの袋から多量のムスクの小粒を排泄する。古く中国人は、これを遺麝といって、猟師などが拾うという。そしてなかなかまれな、精力の強い逸品だという。

商品としてのムスクは、チベット・ムスク（インド）と雲南および東京《トンキン》・ムスク（シナ）の二つが代表であるが、このほかにシベリア・ムスクがある。ムスクの袋のなかのムスクの小粒を取り出し、鹿の血や脂肪分などをつめこんだり、その他いろいろの手段を講じてごま化したものが、昔から今日までずいぶん多い。私は昭和四二年七月にタイのバンコックの中国人街にある有名な中国（漢）薬店で、雲南ムスクのほんものというものを実見した。店主は、鼻もちのならないほど臭いムスクの粒のかたまりを、大きな金庫の中から取り出して見せてくれた。袋はなくて、中身だけである。粒の形は認められるが、どろどろしていて血などを混じているような気がした。値段はびっくりするほどである。私にとっては高嶺の花であった。匂いはたしかにムスクであるが、ムスクの真偽と純品を見わけることのむつかしさをひしひしと体験した。なおムスクの粒を取り出してしまった後の袋だけでも、ムスクの匂いは強い。大阪の漢薬店でムスクの袋だけを、高い値段で売っていたのを私は記憶している。白粉《おしろい》の製造にこの袋を粉末にして、ムスクの匂いづけをしていたことも私の記憶に残っている。とにかくえらいしろものである。

閑話休題。ムスクそのままの匂いは、決して快適なものではない。実物を嗅いだら、皆さんはぞっとする。臭い、臭い。はげしいほど強烈に鼻の奥までつきさす臭い匂いである。たまらない。とてもたえられない。人間氏の大切な排泄物の臭さなどは、足もとにもおよばない。中国では特殊な鹿の一種だけからとれて、その匂いは鼻を突き射すような一物であるから、鹿と射すの二字を合わせて「麝《じゃ》」というむつかしい字を作った。ほんとうにそうである。一万分の一にうすめて、始めて幽艶微妙な、そしてねばっこい、いついつまでも消えない、脂肪の香にあふれながらどこかに優雅な匂いを発揮する。

唐代の女性は、極めて少量を服用して排泄するクソ、それもはるかかなたの地の底に落下したものから、ほんとうのムスクの妙香を発見したのであった。それから、かの女の体臭、とくに夏の汗の臭みなどもムスクの馨香《けいこう》(遠くまでとどく匂い)をただよわせただろう。これを挙体異香《きょたいいこう》(全身から、ただならぬよい匂いを発する)という。すぐれた人間氏の知恵である。

さてムスク・ディアのもっとも多く生息していたところから見て、古代のインド人が一番初めにムスクを発見し使用したのは、まちがいのないことだろう。サンスクリット(梵語)でムシュカといって、このことを証明している。かれら古代のインド人は、人間のモラルとして、また医学として、性愛の技巧（秘戯）を重要なエチケットとしていたから、性的な衝動をもっともよく助けるムスクが、まずかれらによって古くから取りあげられたのだろう。

次にラテン系のヨーロッパでは、中世ラテン語のモスクスから今日のムスクとなっている。だいたい六世紀以後になって、ムスクを知ったのであった。それも中世のペルシア・アラビアなどのイスラム世界を通じてである。だからインドから西方の諸国で、まずムスクをもっとも愛好したのは、イスラム系の人びとであったといってよろしい。『アラビアン・ナイト（千夜一夜物語）』をひもとかれたい。閨房の匂い、身体に塗る匂い、焚く匂い、食べものと飲みものの匂い、かの氏とかの女の匂いなど、ムスクはすべてになくてはならない匂いであった。

十三世紀に集成された、アラビア医薬品の代表的な大成であるイブン・アル・バイタールの『薬物書』に、こういう一節がある。

ムスクは発汗を清浄にし、心臓を強くし、気うつ症や元気を失った人に活力を与えてくれる。他の薬品と合わせて服用すれば、ムスク本来の特性を遺憾なく発揮して、身体の各器官をあたためる。外用薬として塗布すれば、その部分を特に強壮にする。

ペルシアの医師たちの報告によれば、ムスクの含有する湿り気は、催淫剤としての特色を持つという。事実、丁子《ちょうじ》（clove）油にムスクを小量混入して、陰茎の先端に塗り摩擦すれば、交接の反復を助け、射精の迅速を促進するという。

これ以上、もうなにをいう必要があろう。ウソと思うなら実験してみればよろしい。

中国人は古く一～三世紀代に、中国の西南奥地である貴州・広西《かんしー》・雲南などの山岳地帯に生息する、ある一種の鹿の一物であることを知って、麝香という名称を与えたのであった。

　味は辛くて温く、無毒である。悪気をさけ、おこり、虫毒、てんかんによくきく。久しう服用すれば、邪気をはらいのけて悪夢になやまされることもなく、神仙に通じるようになる。

これは十一世紀の末に編述された唐慎微《とうしんび》の『證類本草《しょうるいほんぞう》一六』の説明であって、中国でもっとも古いと伝えられる『神農《しんのう》本草経』の文句だという。中世のアラビア人のように端的に強精剤であるといっていないが、神仙に通じるというのは、精力絶倫なかれらの理想的な状態を意味している。それはとりもなおさず、ムスクこそは神仙に到達させることのできる秘薬であることを語っている。

以上のようなわけで、今日でもなおムスク、ムスクというのだろう。もちろん合成（化学）品が作られている。化学上の構造はまったく異なっているが、ムスク・キシロール、ムスクケントなどというのがある。匂いは極めてよく似ている。さらにムスコンといって、天然のムスクにほとんど近い強烈なものまで作られている。天然のムスクは、ムスク・ディアが捕りつくされ非常にすくなくなって高価だから、合成品がはばをきかしている。

それにしても人間の本能的な性状に、深くクサビを打ちこむ匂いの本性が厳としてあるのだろう。ムスクの永遠性といっても過言ではない。

金髪碧眼の女の追風と竜涎香（アンバーグリス）

第二次世界大戦が終った翌年、昭和二一年の夏であったと思う。そのころは今日から見れば想像もつかないほどの物資不足で、食料難・住宅難・衣料難・交通難など、実にみじめな日常生活であった。朝夕のラッシュ・アワーの乗物の混乱雑踏も、私たちの最大の悩みのひとつであった。スシズメというが、身動きはできない。かろうじて押しつぶされないように、渾身これつとめている。その時である。私の前に立っているうしろ向きの人の、といって数センチもはなれていない、はなはだうす汚れた白いワイシャツのえりの上に（当時はそれが普通であったが）、赤褐色の小さな点が認められる。その点は、えりの上で動いている。当の御本人は、もちろんその存在を知っておられない。目をこらしてよく見つめると、蚤《のみ》氏である。かの氏はジャンプの名人である。こちらへジャンプされたらたまらない。ぞっとする。といって手ではらおうにも、人と人とのすきまのない林立で、こちらの手を動かすことすらできない。観念する以外に、方法はなかった。

このように今日では考えられない不潔と貧困の生活に明け暮れしていたころ、私はある要件で、アメリカ軍が接収していたホテルを訪ねたことがある。やはり夏のあついころのことであった。今から思えば、将校専用であったようだ。ホテルのロビーで要件をすまし、外に出ようとした時である。金髪碧眼の一人の女性とすれちがった。かの女は、私にかまうことなく歩を進めている。すれちがったせつなに、私の鼻をついたものは、異常なほどにまで強烈な匂いである。かの女の追風《おいかぜ》（衣服か身体の匂いを伝えてくる風）である。甘美華麗、いともあまったるいようでねばっこく、息ぐるしいまでに私の鼻にせまりながら、なんともいえないやすらぎをさえ与えてくれる。かの女はホテルの奥のどこかへ消えてしまったが、かの女の追風だけはいぜんとしてただよっている。私はただ惘然《ぼうぜん》として立っている。貧窮生活に明け暮れしている私に、かの女の追風は実に異常なまでに私にせまってくるからである。そのころ私は香料会社に勤務していたから、かの女のつけている匂い（多分それは香水であったろう）は、アンバーグリス（竜涎香《りゅうぜんこう》）を主体としたものであることを直感した。しかしアンバーグリスの匂いが、これほどまでに強烈であるのを体験したのは、この時が初めてであった。私のうすのろといわれてもしかたがない。

アンバーグリス（ambergris）はアンバー（琥珀）とグリス（灰白色）の二語からできているが、コハクとはまったく関係のない香料である。抹香鯨《まっこうくじら》の体内に生じる（まだ原因不明の）、ある種の病的な結成物である。ただし、抹香鯨なら、どれにもあるというわけではない。昔の人は、百に一または二、あるかなしであるといっている。めったにないものである。この極めて珍しい病的結成物は、抹香鯨の体外に排泄され、塊状あるいは破片となって海上に浮び、海岸などに漂着することがある。まず、それを拾って香料としたのだろう。それからやがて捕獲した抹香鯨の体内に、極めてまれに発見することを知るにいたったのであった。

大きさはさまざまであるが、だいたいフットボールぐらい、あるいはそれより大きいもの小さいもの、それから小片にくだけたものなどのかたまりで、水より軽いから海面に浮んでいる。上品は黒白色、すなわち灰白色で、品質がおとるほど黒色に近く、ほめた色あいでは決してない。やや乾燥した牛馬の糞《くそ》のかたまったようなもの。あるいは、このようなかたまりの砕けた細片である。そしてかたまりの表面は、アバタ状の小さなデコボコになっていて、蠟分に富んでギラギラ光っているから、蜜か砂糖分をふくんでいるように見うけられ、いささかうす気味の悪いような感じもする。はなはだもって感心しない顔色と容姿である。アンバーグリスそのままの匂いは、かびくさいようでなまぐさく、ほれぼれするような匂いでは決してない。かりにアンバーグリスのかたまりが、街路におとされていたとしよう。形状・容色・香気のどれを取っても、人びとの注目を引くものではない。汚物として処理されること、まちがいなしだろう。

このようなものが香料である。いや、匂いの王者であることを初めて発見したのは、どこのどのような人たちであったろうか。まずアンバーグリスという言葉から見てゆけば、すぐわかる。

アラビア amber. 近世ラテン ambar. イタリア ambra. スペイン ambar. ポルトガル、フランス ambre. イギリス amber.（そして十五世紀以後にコハク amber との混同を防ぐため、灰白色の状態を示す gris をつけて ambergris.）

インド各地のコンカニー、マラチ、ヒンデー、ヒンドスタニー、ベンガリー、タミール語では ambar. マレイ諸島のジャバとスンダ語 ambar. マレイ ambar, amber.

すなわち中世のアラビア語から発して、東西両洋にこの語が伝播している。中世のアラビア人が最初にそのほんとうの価値を発見し、香料として認めたのであった。かれらのいうアンバルは、元来「匂いの王者 The King of Perfumery.」という意味で、それが香料の名称となった。かれらはまず、月明の夜、海岸でラクダの嗅覚を利用して、漂着したアンバルをひろったと伝えている。もちろん初めは、それが抹香鯨の体内に生じるものであるということを、知るよしもなかった。

ところで、このアンバルを他のいろいろの香料に混じて匂いを作ると、その匂いはあまったるく、ねばっこくなって、いつまでも消えないで残り、強烈そのもののなかに、なんともいえないやすらぎをさえ与えてくれる。そしてアンバル以外の香料の匂いまで、一段と引き立たせてくれる。それからアンバルだけでも、それはまた比類のない匂いとなる。あのかびくさくてなまぐさいような匂いのしろものが、使いようによっては一変して、たとえるものもないような妙香を発揮する。実に不思議なしろものである。加えて、めったに発見されない珍物である。こういうわけで、かれらアラビア人は、香料中の至宝、匂い（香料）の王者であると認めたのであろう。

ここで私は考えてみたい。『アラビアン・ナイト』などに展開されているかれらの生活を、私たちはあまりにロマンチックに見すぎているのではないかと。かれらの生活が、ある一面では詩的で情緒的であるのはたしかだろう。しかし雨量の極めてすくない、乾燥しきった熱の砂漠のなかの遊牧を中心に出発したかれらの生活である。そして極めて限られた少数の権力者や金持ちや地主だけが、豪奢な生活をくりひろげているのである。大多数の人びとは、貧困のどんぞこにあえいでいる。ラクダの匂い、馬の犬の羊の匂い、それらの糞と尿の匂い、そしてめったにといってよいほど沐浴しないかれらの体臭。などなど不潔とたまらない臭気にかこまれたかれらの日常である。われわれにはとても想像のできない、異様な臭気の渾然とした中に、多くの貧困と極端な少数の豪奢な生活とが平然として展開されている。私は昭和四二年夏のインド旅行で、西南アジアとくにアラビア本土へ行こうとしてはたすことができなかったが、ボンベイでイスラムのバザールをあるき、かれらの日常生活を親しく見て、このような感じを深くした。だから許された少数の一部の人びとにとっては、あくことを知らない強い匂いと刺激が要求される。それがなければ、少数のかれらはがまんができないだろう。そのような目的のひとつを満足させてくれるものとして、アンバルの存在があった。

アンバルの使用は、かれら中世のアラビア人によって始まり、かれらの東西発展とともに急速に広がった香料である。ではどうしてアンバルの匂いが、かれらに特に親しまれたのだろうか。かれらはアンバルを知る以前、それによく似たなにかの香料の匂いを古くから知っていたのだろうか。それについて、前五世紀の歴史の父であるギリシアのヘロドトスは語っている。

アラビア人がラブダナムとよぶ香料は、不思議な方法で採集される。これはもっとも匂いのない場所で発見されるのに、もっとも馥郁《ふくいく》とした匂いである。すなわち山羊のアゴヒゲのなかに、木から出る樹脂のように生ずるのを見出すのがそれである。あらゆる種類の香油に使用し、アラビア人はとくに焚香料（インセンス）に多く用いる。

これは小アジア一帯に多い、シスタス属（Cistus）の草の葉と茎から分泌する暗褐色の粘着性の強いレジン（resin）である。山羊がこの草むらのなかをうろついて、葉と茎から分泌したレジンが、羊の毛とくにアゴヒゲなどによく附着するから、ヘロドトスの不思議な話が生まれたのであった。ラブダナムは壮重で快的なバルサム（balsam）ようの強力な甘い匂いを放ち、ねばっこくていつまでも消えない。アラビア人の性格に一番合致する匂いである。

アンバルは、その香気の根源において、多分にラブダナムの匂いと相通じるもののあるのが認められる。ラブダナムの匂いを、より以上に強くしたのがアンバルだといってよろしい。だから、かれらが古くから親しんでいたラブダナムの匂いと同じで、それ以上に強力なアンバルの匂いを知ると、アンバルに絶大な関心をよせるようになるのは当然であろう。

こうして、切ない恋をささやく佳人の体臭はアンバルだとし、輝く恋人の頬はローズの色に似て、かれんなホクロはアンバルの一片であると歌い、吐く息はアンバルの匂いであると賞めたたえている。アンバルをふんだんに焚いて、強烈な匂いと刺激にひたり、アンバルの香油を全身に塗りこめ、あるいは飲食品の味つけとして楽しむまでにいたった。

さらに媚薬としてのアンバルの使用には、てっていしたものがある。相愛（？）の二人に、まずコーヒーにアンバルを混じたものを飲ませる。そして沈香、ムスク、アンバルなどを混じた香油を焚いて、幽艶きわまりない匂いで、二人を恍惚の境地に近づける。それからベッドに入る前に、ドレイがムスクとアンバルで匂いをつけ、砂糖で甘く味をつけたシャーベットを食べさせ、二人の全身にローズとアンバルを丹念に塗りこむ。……二人が大切な要件をすましてベッドから出てくると、二人の全身を洗い浄め、さらにアンバルを焚いて二人をかぐわしいものとする。などなど……。アンバルを飲み、アンバルを焚き、アンバルを塗る。もっとものこととうなずけよう。しかし誰でもそうできるというわけではない。

私は始めに書いたように、第二次世界大戦後の蚤《のみ》氏がわれわれの身辺に横行していたころ、われわれのほとんどが貧窮のどんぞこ生活に明け暮れしていたとき、異国の女性が身体につけていたアンバルの匂いにうっとりさせられた。その時、始めてアンバルの真価がわかったような気がした。そして中世のアラビア人とアンバルの結びつきが、わかるようになった。ゴールデン・ヘアーでブルー・アイのかの女にしてみれば、そのころの日本人は、悪臭と不潔につつまれていたのであったろう。かの女は、あくことをしらないまでに強力なアンバルの匂いを必要としたのである。

竜涎香の成因——怪談から事実へ

精力的でねばっこく、はなはだ甘美でなまめかしく、強くはげしいようでしとやかに、いついつまでも匂いのただようのがアンバルである。中世のアラビア人が始めて発見し、かれらに愛好され、かれらによって東西の両世界に広められた奇妙で不可思議な香料である。

抹香鯨《まっこうくじら》の体内にまれに生ずる病的な結成物で、その体内に発見するか、あるいは体外に排泄されて海上に浮遊しているものをひろうのである。どちらにしても極めてまれにしかない。抹香鯨の体内にあるときは、ドロドロした糞のかたまりかけたもののようだが、体外に排泄されて海上で波にもまれ太陽にてらされ、フット・ボールぐらいの大きさのかたまりとなり、糞が固形体になったようである。そのままの匂いはナマグサイようでカビ臭く、色は灰白色で決してほめたものとはいえない。表面には無数の小さいデコボコが、アバタのようにできている。そして油質に富んだようでギラギラ光り、黒砂糖か蜜のかたまりのような甘そうな気分もするが、なんだかうす気味の悪そうな感じがしないでもない。このようにミニクイ怪物を、他のいろいろの香料にまぜ合わせて使用すると、がぜん始めに記したような妙香を発揮する。まことに不可解な存在であるといえよう。

さて中世のアラビア人は、始めから抹香鯨の体内にまれに生じるものであるということを、知っておらなかったようである。かれらはその成因すなわちできあがる原因について、種々雑多の説話を残しているが、それらの多くは怪談に近いものが多い。まことに不思議なほどの妙香であるから、神秘的なものと考えたのだろう。そして多岐多様に見うけられるかれらの説話は、おおまかに見て次の三つにわかれている。

一、海底にある泉から噴出する泡がかたまって海上に浮び、波にもまれて漂着したもの。また陸上で噴出する石油のアスファルト分が、海中に流れこんでできあがる。あるいは反対に、海底からアスファルト様のものが噴出して、これが海上に浮び上ったもの。それから海底に海綿もしくはゴムに似たキノコか松露《しょうろ》のような植物があって、それらが波浪によってむしり取られ海岸にうち上げられたもの。

二、海中に棲息しているサラという一種の牛のクソのかたまりが、浮遊したもの。またある山に多量の蜂蜜があって、これが海中に流れこみ、その蠟分が海上に浮んで太陽に照らされ、固形体となって漂流するもの。

三、深海に生じるある種の植物、あるいはアスファルト、そして泉から噴出する泡など、いろいろのものが、海中に住むある動物に食べられ、その排泄物となって海上に浮遊するもの。

またインド洋と東アフリカの海岸で成因不明のアンバルが生じ、タルという大魚がそれを丸呑みにする。そしてアンバルがタルの胃の腑《ふ》にとどくと、タルは窒息して海上に浮ぶから、土人はタルの死体を見つけて海岸に引きよせ、タルの腹をさいて呑みこんだアンバルを探し出す。

とにかくいろいろな話や怪談がありすぎる。あるいは以上の三つの話が、互いに組合わされたりして、にぎやかなことである。そして一見したところ、はなはだ荒唐無稽《こうとうむけい》とさえいわれる。しかし、泉の泡、アスファルト、海綿、キノコ、松露、牛のクソ、蜂蜜の蠟分、海中にすむある動物（あるいは大魚）のクソなどと考えたのは、始めに記したようなアンバル自体の外形・容貌・油質・蠟分などから見て、あるていどなるほどとうなずける点がないでもない。だからいちがいにとりとめが無いといって、あっさりかたづけるわけにはゆかない。

もちろん始めは、海岸に漂着したアンバルをひろうだけであったろうから、一と二のていどぐらいの話であったろう。それが三となってくると、海中のある種の動物のクソ、あるいは大魚の腹中にあるものなどと、だんだんに抹香鯨の体内に生じるアンバルに近づきかけてくる。『アラビアン・ナイト』のシンドバードの航海記の話は、三に属する怪奇談のひとつである。

インド洋のある島にアンバルの原料となるものが、湧出しているところがある。それは太陽の高い熱で、蠟かゴムのように溶解して海岸まで流れてくる。深海にすむ怪物たちは、このアンバルの素《もと》を呑もうとして、ときどき海からやってくる。しかしこのアンバルの素は、非常に熱くて怪物どもの胃の腑を焼くから、かれらは海中に吐き出してしまう。するとそれは、色も質も異なったものとなって海上で凝結し、波のまにまに海岸に打ちあげられ、旅行者や商人たちによってひろい集められる。

また怪物に呑まれなかったアンバルの素は、太陽に照らされて凝結し、山中の谷間じゅうにムスク（麝香）のような匂いをただよわせている。けれどもそこは、人間の近づくことのできない場所である。

怪談めいた話はこれくらいにしておこう。十世紀のアブザイド・アル・ハッサンは、三の後半のアンバルを呑みこむタルという大魚の脊椎骨《せきついこつ》で、人間が腰をかける椅子《いす》を作ることができる。またペルシア湾のシラフ地方では、タルの肋骨《ろっこつ》で屋根を作り、漁夫たちはタルの皮に穴をあけて脂肪と油を取っているが、この脂肪は非常に高価だといっている。この脊椎骨と肋骨、脂肪と油などを綜合して見れば、タルという大魚は、どうも鯨に近いように考えられる。
これとほぼ同じような話を、十世紀の有名なマスディーも伝えている。

最良のアンバルは、東アフリカの海岸に産し、青白くて丸く、ときに駝鳥の玉子ほどの大きさのものもある。海が荒れてアンバルの破片が漂流すると、アワルという一種の魚がそれを呑みこみ、窒息して海上に浮ぶ。土人は舟に乗って銛《もり》とロープで、浮びあがったアワルを海岸までひっぱってゆく。そしてアワルの腹をさいてアンバルを取る。

こうして、アラビア人の伝える怪魚めいたタルあるいはアワルから、ややはっきりと鯨そして抹香鯨であるということに近づきかけてきたのは、どうも十一世紀以後のことらしい。しかしそのことは、アラビア人たちの記述には、私がいままでしらべたところでは見あたらない。かれらは真実に一歩近づきかけていながら、なかば怪談めいたものに終始一貫していたようである。

それでは、アンバルが抹香鯨から取れることを始めて明白に語った人は、どこの誰だろう。十三世紀の後半にインドから海上をペルシア湾に入った、世界的大旅行家マルコ・ポーロのソコトラ島の捕鯨の話は、正確に抹香鯨の体内からアンバルを取っていたことを伝えている。かれはアラビア南部海岸やソコトラ島方面まで海上を旅行していないから、ペルシア湾入口のかれが上陸したオルムス港などで、商人や船乗りたちからこの話を聞いたのだろう。なおかれは、陸路で中国へ行ったときも、この港にたちよってオルムスの話をくわしく語っている。そうするとかれのころ、すでに相当広まっていた話だと想像されるから、かれより以前にペルシア人やアラビア人の間に知られていたはずである。

しかし、その人たちの伝える話は残っていない。ポーロの話は、そのころ、あるいはかれよりすこし前の、アラビア沿岸の捕鯨の実状をよく伝え、そしてアンバルに言及している。

ソコトラ島ではアンバルが非常にたくさんとれる。それは海中の大魚である鯨、とくにカプドイル（抹香鯨）の内臓中に発見される。

島の漁夫は、脂肪分に富むタンニー魚（マグロの一種）を用意して、小さく切り、塩をまぜ、小舟につんで海上を遠く沖合まで乗り出す。タンニー魚の一片を古い布などで包んで海中に投げこみ、船でひっぱってあちらこちらへ帆走すると、タンニー魚の油分が船の航跡をはっきり残してくれる。鯨はその匂いを一〇〇マイルの遠くからでも認めることができるから、匂いをしたって船へ近づいてくる。

そのとき漁夫は、さらに二、三匹のタンニー魚を海に投げこむと、ちょうど人間が酒を飲んで酔うように、これを呑みこんだ鯨はすっかり酔ってしまう。そこで数人の漁夫は、いそいで鯨の頭部によじのぼり、決してぬけないように作ってある鉄製の銛《もり》を木槌で頭にしっかり打ちこむが、鯨はすっかり酔っぱらっているから、人間が頭の上に乗っていても、なにも感じない。だから漁夫は自由に活動できる。銛の上部には、三〇〇ペース（一ペース pace は一歩）の長さの大きな綱を結びつけ、五〇ペースごとに板や樽で作ってあるブイのような浮標をしばりつけている。浮標には、目印になるようなマストが立っている。マストは海中に没しないように、浮標はなるべく安定する仕組みになっている。

そして綱のはしを船に結びつけ、鯨が酔からさめて傷の痛みを感じて動き出すと、鯨の頭の上で作業をしていた漁夫たちは、泳いで船へもどり、まず始めに最初の浮標のついている五〇ペースの綱をのばす。鯨が傷の痛みにたえかねて苦しみ、水中に没したり泳いだりして船を引っぱり、今にも船がひっくりかえりそうになると、次の浮標をほうりこんで、順々にそれをくりかえしてゆく。鯨は最後の力をしぼり出して、海中に深く没しようとするが。浮標があるため自由にならない。結局、つかれはてて死んでしまう。

そこで漁夫は、浮標のマストを目印にして鯨を船に引きよせ、かれらの町や近くの島へ運んでゆき売却する。一匹の鯨から、一〇〇〇パウンドの収入をあげるそうだ。内臓からアンバルを発見し、頭部から数樽の立派な油が取れるからである。かれら漁夫は、これを業としている。

鯨油を取ることを主とし、あわせて内臓からアンバルを発見したのである。抹香鯨がある種のマグロの匂いをよく知っていて、これを追いかけ、そしてこれを食べると酔っぱらってしまうなど、いささかウソのようなポーロ一流の話のようであるが、当時はこんなことも語られていたのだろう。しかし抹香鯨の体内にアンバルを発見することは、はっきりしている。ペルシア湾からアラビアの南部海岸、そして東アフリカの沿岸にかけて、かつては鯨、とくに抹香鯨が多く棲息していた。その油と脂肪は燈油や薬用に、また船体の防水塗料などに使用された。したがってアンバルもよくとれたのだろう。

さて東方アジアの中国人は、古くアンバルを知っておらなかった。九世紀ごろから十世紀にかけて渡来したイスラム商人たちから、始めてアンバルというものを教わった。そしてかれらが語るアンバルの怪奇談を耳にして、海中の怪物あるいは大魚などを、中国人の想像上の祥瑞《しょうずい》(めでたい)動物である竜におきかえてしまった。だから竜の涎《よだれ》のこりかたまってできたもの、すなわち「竜涎香《りゅうぜんこう》」という中国独自の名称を作りあげた。アラビア人が香料中の至宝と見なしたのに対して、中国流にめでたい竜のよだれということで、その意味をよく表現したつもりであったろう。かれら中国人の説明は、次のようなスタイルである。

竜涎香は大食《ターシー》（アラビア）国に産する。たくさんの竜が海中の岩石にわだかまってねていると、ヨダレを吐き出し、そのヨダレのカタマリが水上に浮かぶ。そうすると多くの鳥が集まって飛びまわり、たくさんの魚がむれ集まって、ヨダレのかたまりを食べようとするから、土民はそれを目印にして海中にもぐり、竜のヨダレのかたまりである竜涎香を採集する。

この香料（かたまり）そのものは、決してよい匂いではない。むしろなまぐさいものである。白色品（というが灰白色である）は＊生薬《しょうやく》を煎じたとき、油ぎってギラギラ光るような光沢（つや）である。黒色のものがその次で、霊脂《れいし》（はかり知ることのできない不思議な働きのある脂。すぐれてよい脂）のような色合いがある。

（＊草根・木皮・花・果実・種子または犀角（さいかく）、麝香などの類で、そのまま薬品として用い、あるいは製薬の原料とする天産物の薬品類。）

諸種の香料に調合して用いると、全体の香気をよく引き立たせてくれるから、香料の調合剤として用いる。

中国人のアンバルの説明は、このほかにアラビア人の説話を換骨奪胎《かんこつだったい》したものもすこしはあるが、ほとんど竜のヨダレの話が中心になっていて、後代まで変っていない。しかしアンバルが、香料の調合剤として十二分の効果をあらわすこと、とくに匂いをいつまでも長く保つ力について、十二世紀の中国人はこう書き残している。

竜涎香自体は、香気の点では諸種の香料になんらの影響を与えるものではない。ただ竜涎香を混じた香料を焚いたとき、その香料の煙を結集させるのに非常に効果的である。ほんものの竜涎香を諸種の香料にまぜあわせて焚くと、香の煙は空中に浮んでたなびき、結集して散らばらない。匂いを楽しむ人は、鋏でその香の煙を切ることさえできる。竜の威力が蜃気《しんき》楼《ろう》（昔、竜が気を吐いて楼閣などの姿を現わしたものと考えた）をきずくように、竜涎香のほんとうの力がそうさせるのである。

これもまたウソのような話であるが、アンバルを香料の調合剤として使用すれば、全体の香気がいつまでも永くたもてることを、中国流に香の煙が鋏で切れるほどだと、強調したまでであると解釈すればよかろう。

中世のヨーロッパでは、もちろんアラビア人を通じてアンバルを知ったのであった。そしてアラビア人の語るアンバルの怪奇談をそのまま呑《の》みにして疑わなかった。十六世紀に入り、ポルトガル人たちが親しく東アフリカからインドの土をふむようになって、始めて抹香鯨とアンバルのつながりを知るにいたったようである。それでもまだ、インド洋のどこかにアンバルでできた小さな無人の島があって、その島が風や波浪でくずれ、アンバルが漂着するなどと考えたり、あるいはある島に咲く花にむらがる蜂の蜜が海中に流れこみ浮きあがってできるものと、考えたりしている。そしてアンバルでできている島は、ある人が偶然に発見しても、二度とふたたびその所在を突きとめることができないなどと、さきの『アラビアン・ナイト』のシンドバードの航海談とよく似たもので、その源流はやはりアラビア人からであろう。あるヨーロッパの詩人は、アンバルを海神（Neptune, ネプチューン）のおとし子であると歌っている。これなどはアンバルにふさわしい表現であるが、かれらヨーロッパ人がたしかなことを知ったのは、十七・八世紀のことである。

わが日本の近海でも、鯨は多かった。十六・七世紀ごろになると、捕鯨がさかんになって鯨の肉と油と骨などの利用が高くなってきた。それ以前のころ、中国人から竜涎香という貴重な香料のあることを教えられ、やがてわが国の海岸でひろうようになり、それから鯨（とくに抹香鯨）の体内にまれにあることを知るにいたった。しかし林羅山《はやしらざん》（一五八三―一六五七年）は「土佐の漁民は蠟のように凝固したものをとっている。これは鯨の尿である。……一名を南蛮薫玉《なんばんくんぎょく》、号を阿牟倍良《アムベラ》という。鯨の尿が和合してできるもので、外国の商人は甚だ珍重する。」といって、ポルトガル系の名まで伝えている。事実はそのとおりで、十七世紀の初めに渡来したイギリス人やオランダ人なども、日本近海のアンバルに注目している。だから日本近海のアンバルは、日本人の需要というより、むしろ渡来した南蛮（ポルトガル）紅毛（オランダ）人たちが、目の玉が飛び出るような高い値段で買ってくれたから、捕鯨業の流行につれて注目されるようになったのである。そして羅山のように尿ではなくて鯨のフン、すなわち糞のかたまりによく似ているので、後ではクジラのクソといった。

絶妙この上もない匂いを放つものだということを中国人から早く教わり、「竜麝」といって、ムスクとアンバルを対比させ、艶麗な匂いの表現によく使っている。それでも実際の使用は、ムスクほどではなくて、多くは輸出向けにあてられていたようだ。中国人ほど濃艶な匂いに、まだよくなじんでいなかったからだろう。事実、中国と日本では焚香料の保香剤（匂いをいつまでもたもたせる効目のあるもの）とある種の秘薬（おもに媚薬）などにあてていただけで、アラビア人のように身体にふんだんにぬりこめたり、スイートな飲食品の味つけや、強精薬としてさかんに服用するまでにはいたらなかった。

まことにアンバルは、中世のアラビア人によって初めてよく生かされ、そのねばっこい匂いと甘美さは、近世のヨーロッパ人にコスメチックの匂いとして賞美されたのである。近世の末になって、欧米各国の捕鯨業が盛大となるにつれ、アンバルの実体もはっきりしてきたようで、古くアラビア人や

抹香鯨を捕る図．19世紀初半の珍しいアメリカ彩色銅版画

中国人たちが伝えていた怪奇談は、いつしか忘れ去られるようになった。そしてアンバルの産地は、捕鯨業の拡大につれて広くなったのである。

ところがまだいわねばならないことがすこし残っている。上等のアンバルのかたまりをくだくと、かならずイカやタコのクチバシがある。よいものほど、クチバシが多い。クチバシは原形のまま上下そろって、イカやタコの体内にあるのと同じ状態でそのまま残っている。どうも抹香鯨は、イカやタコが好物らしい。呑みこんだイカとタコの群のクチバシが、病的結成物であるアンバルの中に混じて残り、消化されていない。一九〇二年に有名な香料化学者ジャン・ガットフォッセは、アンバルの成因は、鯨の過食であること、またアンバルの香気成分は、その餌《えさ》食であるイカやタコのなかに存在しているという説を発表した。それから別に、アンバルの成因について、イカやタコのクチバシなど、鯨の食物の不消化の残滓《ざんし》（残りかす）が、鯨の胆汁《たんじゅう》や胃液や血液などと結びついて、ときには糞ようの物質といっしょになって、結石となるという学説も出た。こうしてイカやタコなどを食べすぎることから生じる、病的な副産物ではなかろうかと考えるようになってきた。それでもアンバルは主として鯨の餌食の種類によって生じるものか、あるいは鯨の体内のある分泌物から生じるものか、まだはっきりわかっていない。

ちかごろは鯨もすくなくなってきた。日本の近海などは、もう昔話にちかい。香料としてのアンバルは、合成品がはばをきかしている。アンバルの成因は、まだ多くの秘密を蔵し、疑問はいぜんとして解決されないで残っている。たとえアラビア人や中国人の怪奇談から一歩ぬけ出したとしても、千夜一夜の神秘的な秘密と魅惑につつまれたままである。

霊猫香（シベット）の話

徳川幕府が厳重な鎖国令をしいて、長崎というただひとつの窓を通じ、オランダと中国の二国に限り、わずかばかりの交易を許可していた時代のことである。オランダ船で輸入した一匹の霊猫（シベット猫）が、一七九三（寛政五）年に江戸へとどいた。珍物も珍物、いやそれ以上の代物の到来である。江戸じゅうの学者や好事家《こうずか》たちが、ほしがってよだれを流したにちがいない。

幕府の奥医師《おくいし》といえば、徳川将軍の侍医である。また幕府医学館の総師は、ただひとつの国立医科大学の総長である。このふたつをかねて、飛ぶ鳥もおとすほどの権威を持っていた多紀藍渓《たきらんけい》（一七三二—一八〇一年）という大先生が、目の玉のひっくりかえるような高い値段で、このシベット猫を手に入れた。かれは小さい珍らしい猫を檻《おり》のなかに入れ、二人の少年をつけてとくに飼育にあたらせた。そしてこの猫をつぶさに観察した報告は、次のとおりである。（原文は漢文であるが、やさしい文に訳し、わかりやすいように項目をわけて見た。）

（形状）普通では考えられないような臭気が全身にある。形は猫に似て、やや細長くて大きい。頭はとがって耳は短かく、尾は黒い。口は大きく、牙《きば》はとがり、爪は短かくて地に着いていない。全身は茶褐色で、虎のような黒いまだらがあり、尾は雉《きじ》によく似て長い。

（香嚢《こうのう》と霊猫香）　両陰の間にひとつの袋がある。大きさは桃ぐらいで、これが香嚢（civet pod）である。そのなかに充満している香料すなわちシベットは、白土のようで、袋のなかがいっぱいになると、身をもだえ一本の足をあげて袋の穴の出口を開いて、シベットを柱や壁にこすりつけようとする。

三、四人でつかまえ、かみつかれないようにカーペット（毛氈《もうせん》）で頭部をつつみ、ひっくりかえして香嚢の内部をよく見ると、袋は左右の二つにわかれて色は白い。袋の底の部分には、シベットがもれて出る針の目ほどの小さい穴がある。この穴に竹ベラをさしこんで、内部のシベットをこさいで取り、よくかいで見ると、ほんもののムスクの匂いとまったく同一である。そして全身から発する臭気とは、大いに異なっている。袋から取り出したシベットは、久しうたつと黒色に変じる。

（猫の性質）　この猫は首を低くさげ、尾をたれてあるき、鳴声を出さない。人がさわろうとすると、猫のようにかっと怒る。室内の窓をしめて雀をはなち、檻から出してやれば、飛び上がって雀を捕え、はなはだすばしこく食べてしまう。それで一日に五、六匹の雀を餌食にして大切に飼育していた。

ところが飼育の方法になれていなかったためだろうか、あるいは気候風土のちがいから、おしいことに一年もたたないうちに死んでしまった。だからせっかくの香料である霊猫香も、多くとれなかったという。ただ幸いなことに、この時のシベット猫を写生した絵のうつしが、大淵棟庵《とうあん》の『麞麝考《しようじやこう》』下の附録に残っている。ここにかかげているから、よく見られたい。ほんとうによくできている。

中国のトルキスタンの山岳地帯から雲南《うんなん》とチベット、そしてインドのヒマラヤ山脈にかけて生育しているムスク・ディアの、牡の生殖腺分泌物がムスクであることは、すでに「精力的なムスク」で語った。このムスクの香気に極めてよく似て、ムスクの代用（いや偽物とまで）に、あるいはムスクの増

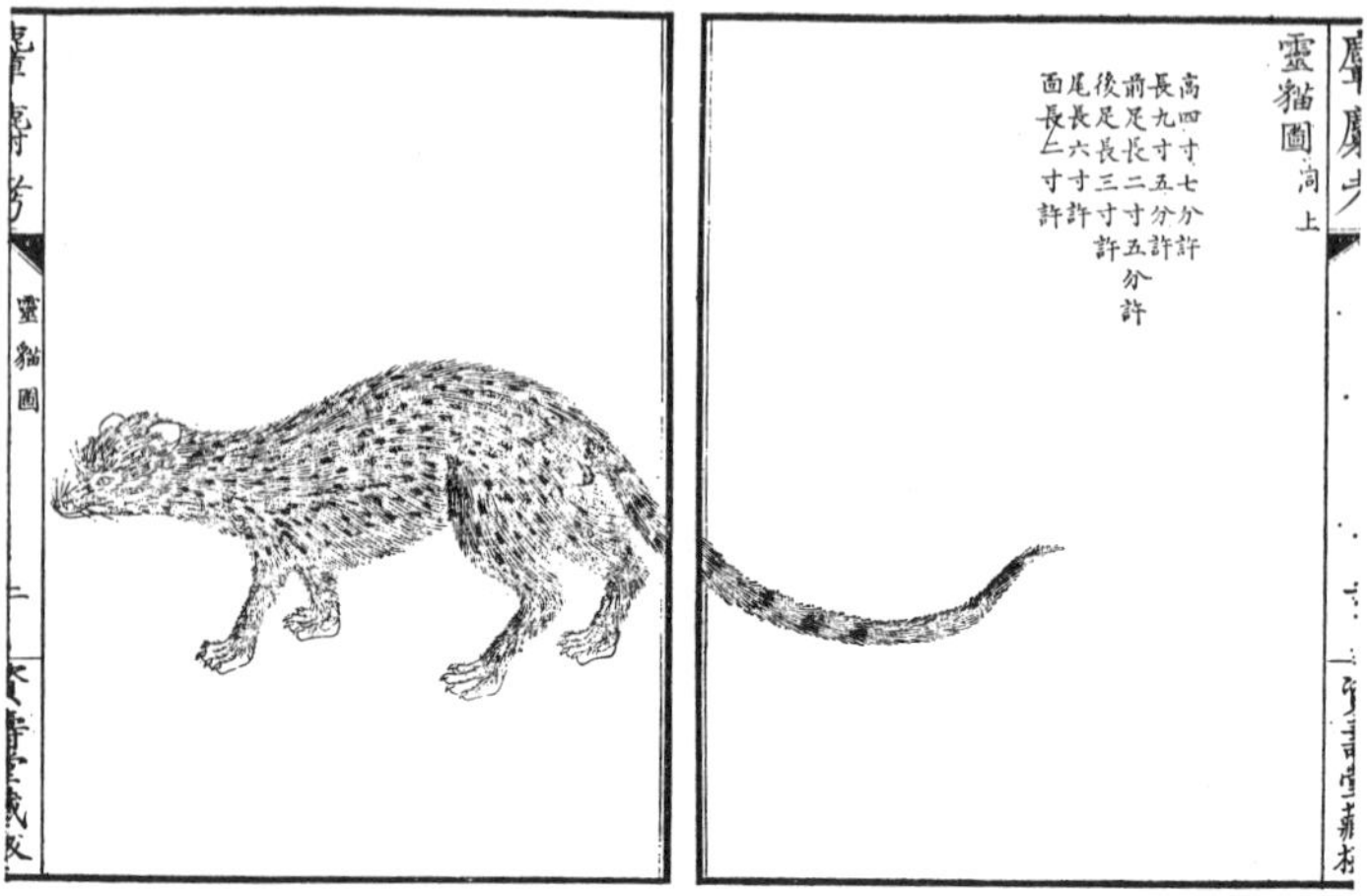

シベット猫の写生図（大淵棟庵，麞麝考，下，附録，1859年）

量剤に古くから用いていたのが、中国人のいう霊猫香、ヨーロッパ人のシベットである。そしてこの香料を出す動物が霊猫すなわちシベット猫である。

このシベット猫は、アフリカ大陸からインド、中国の西南奥地、そしてマレイ諸島にかけて広く棲息し、多くの種類があるが、大きくは次の二つにわけられる。

(イ) アフリカ系の Viverra civetta. エチオピア、ギニア、セネガル。

(ロ) インド系の Viverra zibetta. ベンガル、中国、マレイ諸島。

現在、商品としてのシベットは、ほとんどエチオピア産である。水牛の角をくりぬいて、そのなかにシベットをつめこみ、厚い布などで角の根本がくくってある。はなはだ以上に臭い。今から三十数年前、私が香料会社のクラークであったころ、アデンのアラビア商人から相当量のシベットを輸入したさい、税関当局から一日も早く引きとるように催促されたことがあった。税関の倉庫内が臭くて臭くてたまらないからとのことである。

もし皆さんが、ごく小量のシベットを服のどこかにあやまってぬりつけ、ラッシュ・アワーのバスか電車に乗りこんだとしたら、どうなる。まわりの人たちから、はなはだもって臭いしろものを、どこかにつけているけしからぬ人だとおこられ、早速おろされることまちがいなしである。人間さまの糞の臭さどころではない。うそといわれるなら、一度ためしてみたらよろしい。まちがいは決してないから。

ところが、このシベットをムスクと同じように極端にうすめて微量で使うと、ムスクそっくりの妙香と効能を発揮する。匂いはいつまでも消えないで長くもてる。保香力が極めて強い。はでなようでなまめかしさがあって、脂粉の香にあふれている。そして種々の香料に混じると、全体の香気を安定させ、よく結合させ、いつまでも長もちさせてくれる。まったくムスクと同じしろものだといってよい。天然のムスクがすくなくなった今日ではシベットさまさまである。

エチオピアでは、シベット猫をつかまえて粗末な檻のなかで飼育している。週に二、三回、肛門と陰部の中間にある一対の腺嚢の小さい穴に、角製の細いスプーンをさしこんで、シベットをこさぎ取っては水牛の角につめこんでゆくという。肉、とくにボイルしたもの、玉子、小鳥、小さな動物などの活きたやつ、魚類などを適当に食べさせると、上等のシベットを分泌するようになる。餌食がよければ、分泌するシベットの量も多く品質も極めてよろしいとのこと。ぜいたくな猫さまである。そして檻のなかでときどきけしかけておこらせると、シベットの分泌は一段と増加するそうだ。なにかの刺激が必要なのだろう。

それから不思議なことに、この猫は牡・牝ともに香嚢を持っていてシベットを分泌している。ムスクの場合は男性の鹿だけであるのに、シベット猫は両性ともにである。古く中国人はこの点に気がついて、はなはだ不思議でたまらず、霊獣の一種と見なし、「霊猫」というような中国独自の名称を与えたのであった。牡だけであれば、女性に対し性的な誘惑作用をはたすためのものであるといえよう。ムスクの場合は、そう割り切ってしまえる。シベット猫の牡と牝の双方にシベットがあるのは、他の動物からの危害を防ぐためと、お互いに双方から異性を引きよせるためとの、二つの機能をはたしているのだろうと、ある学者はいっている。現在これ以上にはっきりしていないが、脂粉の香にあふれる生殖腺分泌物であるのはたしかである。

中国では、西南部の山岳地帯に生育しているので早くから知っていた。ムスクの代用品、にせもの、増量剤に使っている。ところが私の知る限りでは、一五九六年に刊行された明の李時珍《りじちん》の『本草綱目《ほんぞうこうもく》』にのっている絵が、中国では一番古いもののようである。その絵を見ると、どうもけったいな猫に近いようだ。一七九三年の日本の写生図とは、雲泥のちがいがある。それでも黒いようなまだらがあるから、シベット猫を描いたつもりであろう。

さて西の方では、中世のアラビア人がさすがにエチオピア（とアフリカ）に近いだけあって、早くからシベットを知っていた。効能はムスクとほとんど同じであるから、あらためて記すまでもなかろう。

次にアラビア人から知らされていたヨーロッパ人が、初めてほんもののシベット猫を見たのは、十六・七世に入ってからであろう。そしてかれらのあいだで、シベットの大流行は十七・八世紀のことらしい。シベットの香気はナメシ皮によくしみこんで、机の上にシベットの匂いを賦香《ふこう》(匂いづけ)した皮をしき、その上で手紙を書けば、手紙はシベットの匂いをいつまでもただよわせているという。愛する人へのレターにもってこいである。それから皮の手袋の匂いつけに、またとない香料である。などというわけだけではあるまいが、とにかくシベット大流行であった。

これに目をつけたのが、ジャバを中心に東洋の貿易を支配しようとつとめていた十七・八世紀のオランダ人である。かれらはインド系のジャバのシベット猫を、はるばる本国のアムステルダムに送り、エチオピアと同じように上等の餌食を与えてシベットを採集した。当時のヨーロッパ人の嗜好《しこう》にこたえ、しこたまもうけさしてもらったのである。

こんな時勢のおかげだろう。日本に渡来したオランダ人は、シベットの効能を吹聴《あいちょう》する。シベット猫が見たくなる。一七二五年に徳川吉宗将軍は、二匹のシベット猫をオランダ人に注文し、翌年輸入されたが、一匹は海上で死に、一匹は江戸にとどいたという。そして一七二八年に二匹、その翌年に四匹を注文している。ヨーロッパ系の学問に対する好みもあろうが、たしかにオランダのシベット熱にうかされたのであった。このようなことから、一七九三年には、シベット猫が江戸にとどいて、売りものに出るということになった。そしてこの珍物を、そのころのオーソドックスな医師の代表者である多紀藍渓先生が手に入れて、飼育し観察することになった。そのてんまつが、始めに引用した報告と写生図である。オランダ船で輸入したことと、写生図から見れば、どうもインド系のジャバのシベット猫らしい。それにしても、よく真実を描いている。幕末のオランダ系の学者たちは、オランダの博物書などから、シベット猫の写しをのせているが、実物とは雲泥の差がある。実際にほんものを見て描いたものは強い。真にせまっている。

それから猫の形や性状とシベットの実体について、中国流の本草博物学の説明以上で、これ以上はなにもいうことがない。まことに簡にして要を得ている。また外気にふれない香嚢の中にあるシベットは、白色のクリームようであるが、外気にふれてしばらくたつと暗黒色に変じると書いてある。水牛の角につめこんであるシベットの外気にふれる表面は黒色であるが、内部は白土のようなクリーム色である。そしてシベットを分泌する腺（穴）の実体についても、よく見ている。ただ一匹だけで、牡とも牝であったとも書いてない。だから両性ともにあることまでは、言及していない。

ヨーロッパのシベット大流行のおかげで、蘭方医《らんぽうい》（オランダ系）ではない中国系の漢方の大先生が、シベット猫とシベットの実体に接し、親しく観察するという結果を生んだ。たんに好事《こうず》とか好奇心とかいうものではない。世界の歴史の波が、鎖国日本のせまい窓からさしこんだひとこまの実例である。広く一般の福利厚生に資するというものではなかったろうが、早く日本で真実が知られていたということで、異聞《いぶん》を伝えるに値いすると私は考える。

腋臭（わきが）は胡臭である

夏である。昔の人は、炎帝（夏もしくは火をつかさどる神）石を焼き火雲（なつのくも）たちのぼるころといい、炎情（火のもえあがるような）火徳《かとく》のときと見た。あつくて湿度の高い私たちの周囲では、とくに汗の臭さが鼻についてくる。なんとか快的な匂いはないものだろうかと思うころである。

この汗臭さ、身体から発するいやな臭気のなかで、もっともひどいのが腋臭すなわちワキガである。ではいったいわきがとは、どんなものだろう。人間の皮膚には、脂腺と汗腺の二つの分泌腺がある。鼻のさきの脂（あぶら）を油とり紙などでふくのは、前の脂腺の分泌物である。あとの汗腺のなかに大汗腺というものがある。これは普通の汗腺とは構造がちがい、分布も局限されていて、腋の下とか外陰部と肛門のまわりなどにすこしあるだけである。このうちで、後の二つの部分には極めて貧弱な腺管があるにすぎないが、腋の下にはとくに多くあつまっていて集塊をさえなしている。腋臭は、実にこの腋の下の腺管から出る分泌物の発する臭い匂いである。ほんとうに臭くて鼻もちがならない。

ところが動物は、一般に大汗腺が普通の汗腺と同じように身体じゅうにあるから、からだ全体が臭い。犬や猫などで、おわかりのとおり。檻などに入れられ、糞や小便と同居させられているからというわけではない。前文のシベット猫が、からだ全体から異様な臭気を発しているというのは、そのためである。

さて人間の方は、とくに腋の下だけといってよろしい。そして人種上から見れば、黒色系の人びとが一番わきがが強く、白色人種はそれについでいる。黄色系のアジア人種は、前の二つにくらべてぐんとすくない。私たち日本人はすくない方に属しているが、それでも極めてまれに鼻もちのならない臭気を発する人がある。

生理上から見ると、わきがの発散パーセンテージは性的な現象と関係がある。周期的に恋愛をする動物では、わきがの分泌もそれに応じて周期的である。臭い匂いもそれにともなって特に強くなり、異性を引きつけようとする。もちろん幼年期にはすくなく、老衰すれば減少してゆく。人間には、他のある種の動物ほどはっきりした周期的な現象はあまり見られないとしても、思春期にとくに強いのは事実である。高温多湿の夏に、思春期の若い人のわきがの臭さとあっては、それこそたまらない。

だから女性は恋愛したときによく匂う。恋愛は鼻からなどというのは、この意味からである。わきがの強い白色系の人たちは、その体臭もしたがって強い。よく匂う、そして臭い。しかしその臭さが、ある人にとってはたまらないのである。殿方は赤毛の女性がお好きだというが、赤毛の色や、形だけではない。そこには強力な体臭であるわきがが強いからである。ほんとうに赤毛の女性はよく匂う。それからブルーネット、次にカスタネット、そしてブロンドの順であるという。

女の匂い。臭さ。その臭い人をいだく。腋の下の山羊臭さ、すなわち助平臭（すけべえしゅう）など と歌っている。かれら白色の人たちが異性の体臭をよくかぎわけ、その臭さになかなか敏感であるのは、かれらの生理的な現象がそうさせてくれるのである。ボードレールの『悪の華《はな》』や、ゾラの『ナナ』などの、人間臭い匂いを不思議がることはない。私たち日本人にとって、ピンとこないのはあたりまえである。

それでも昔の日本人は、移香増恋（うつり香は、恋慕の情をつのらせる）などと歌っている。それから平安朝の宮廷人は、かの女のうつり香をよく知っていたように、『源氏物語』その他に多く書かれている。現代の日本人より、昔の日本の貴族は匂いと体臭に敏感であったのだろうか。わきがが白人や黒人にくらべてすくなかったのは、今日も昔も変りはない。ではどうしてかれら昔の人の身体の方が今よりも匂った、いや臭かったのだろうか。

ちょっと考えてもらいたい。日常茶飯事の例をあげよう。今日ほどたやすく風呂に入ることは、そう許されるものではない。またソープなどもない。かれらがまれに沐浴して身体の垢《あか》やけがれをおとしたとしても、たいしたものではない。まれにむし風呂などに入っていたとしても、しれたものである。したがって今日の私たち以上に、なにかしらの臭み、それを上品にいって匂うのはほんとうだろう。一般の庶民は、それをあたりまえのこととしていた。そうよりほかにしかたがないからである。しかし一部の宮廷貴族、とくに女性は身だしなみとして、自分の身体の体臭をなんとか良くすることを願ったにちがいない。中国から伝わった匂袋《においぶくろ》をふところにする。香をたいて衣装によい匂いをうつし、身体の臭みを上品なものにしようとつとめる。香を焚いて部屋じゅうを匂わす。それから身体の発散物である脂《あぶら》や汗の匂いをよくするため、中国のスタイルをまねて、高貴な香料を薬品として服用する。などなど、あらゆる手段や方法を講じただろう。したがって殿方にして見れば、かの女を知るもっともよい方法は、かの女の体臭をかぎわけることにあった。敏感でなければならない。

時代がくだるにつれ、沐浴の風習もだんだんに広まって、ヌカブクロなどでさっぱりするようになり、わきが以外は、とくに体臭などを忘れるようになったのだろう。中世から近世の文学・詩歌・俗謡や雑書などに、欧米ほど体臭に関心がうすいのは、あたりまえである。もちろんモンスーン（季節風）に左右される四季のうつり変りという、風土条件もある。といって、夏はやはり汗臭い。

十世紀末の九八四年に、先進中国の医学を集大成した丹波《たんば》康頼《やすより》の『医心方《いしんほう》』という珍書ができた。インド、中国、日本とつながる古方医学の聖典である。その巻四に「胡臭《こしゅう》」という項目がのっている。

> 人間の腋の下の臭みが大蒜（にんにく）や豉《し》（味噌や納豆など）のように匂う人がある。また狐のように臭いともいう。胡というのは、狐すなわち狐臭《こしゅう》のことである。血の気がほどよく調和しないで、つぎつぎとうっせきするからである。あるいは身体の腋の下がとくに毛ぶかくて、狐のような匂いのするもの。世間でいうところの胡臭である。

ここに説いている胡臭あるいは狐臭は、あきらかに腋臭（わきが）である。これは生まれつきの生理的な臭みで、どうしてもいやすことができない。その対策（治療）としては、人間の小便あるいは白馬の尿で腋の下を洗い、牛脂と胡粉《ごふん》（貝がらなどを焼いて作った白色の顔料）をよく煮つめて塗るとか、胡粉・滑石（タルク）・甘草《かんぞう》その他を粉末にし、酒に入れて塗る。それから白い灰を酒にまぜる。また鉄屑や銅屑を酢《す》に入れてぬる。さらに上等品は、丁子《ちょうじ》・藿香《かっこう》・青木香《せいもくこう》などの香料薬品を胡粉にまぜ、錦の小袋に入れて腋の下にはさむ。など、いろいろの臭み防止対策を『医心方』はあげているが、今日の汗知らずと見れば、それまでのことだろう。

狐の臭さとは、なかなかうまい言葉である。中国では本来の腋臭は胡臭といった。胡の臭み、胡の匂いである。そしてこの胡を狐と、あて字をしたのであった。臭さがよく似ているから。

そうすると、中国の「胡」とはなんだろう。中国本土から見て、西北の辺境、とくに漠然と西北地方一帯を指して古くから「胡」といっていた。胡人・胡笛《こてき》など、そのよい例である。ところが中国で唐の時代（六一八—九〇六年）になると、とくにイラン（ペルシア）系のものを指して胡と称し、イラン・スタイル（胡風）が一世を風靡したことがあった。それで次に「胡」と名のつくいろいろの例をあげて見よう。唐代の中国が、西方イラン系の文物や風俗をよく受け入れたエキゾチシズム（exoticism）であったことが、よくわかるだろう。

（人）　胡人、胡児、胡雛（pet boy）、胡婦、胡姫、胡旋女《こせんにょ》（dancing girl）

胡姫、貌《かんばせ》、花の如く、
壚《ろ》に当って春風に笑う。
春風に笑い、羅衣《らい》（うすもののきもの）もて舞う、
君今酔わず、将《まさ》にいずくにか帰らんとする。

胡姫（イラン系の美人）は貌は花のようで、春風に笑う。紅の唇のほころぶあたり、妖艶そのもの

である。

五陵《ごりよう》の年少、金市の東、
銀鞍白馬《ぎんあんはくば》、春風を渡る。
落花ふみつくしていずれのところにか游ぶ、
笑って入る、胡姫酒肆《しゆし》（バー）の中。

金髪緑眼のかの女、夜光の杯にブドウの美酒をもり、濃艶な化粧に悩殺される。だから、

何れのところにか別れをなすべき、
長安の青綺門、
胡姫、素手《すで》もて招き、
客を延《ひ》いて金樽《きんそん》（黄金の酒樽）に酔わしむ。

である（李白）。次は西トルキスタンのサマルカンド地方からやってきたダンシング・ガールの舞である。

胡旋女《こせんによ》、胡旋女、
心は絃《げん》（琴瑟《きんしつ》）に応じ、手は鼓（つづみや太鼓）に応ず。
絃鼓《げんこ》一声《いつせい》、雙袖《そうしゆう》あがり、
廻雪飄《かいせつひよう》々（ふる雪は軽くひらひらと）、
転蓬《てんぽう》のごと（よもぎが風に吹かれてまろぶように定めもなく）舞う。
左旋、右転、疲るるを知らず、
千匝《せんそう》（千もめぐる）万周《ばんしゆう》、やむ時なし。

人間《じんかん》、物類《ぶつるい》の比すべきなく、
奔車《ほんしゃ》も、輪《わ》、緩《かん》（ゆるやか）にして旋風も遅し。
それからこの胡旋《こせん》にもっとも縁の近い、胡騰《ことう》という跳躍的な舞踊もあった。
胡騰、身はこれ涼州《りょうしゅう》の児、
肌膚（はだえ）は玉の如く、鼻は錐《きり》の如し。

胡舞（イラン系ダンシング）の大流行である。

（衣）　胡服、胡帽、胡履《げき》（くつ）

（食）　胡食、胡飯、胡餅、胡酒

日本の洋服、洋食・洋酒などを思い出してもらいたい。中国の粉食はトルキスタン（中央アジア）地方から伝来した食事方法で、中国における食事革命であった。

胡甘（柚）、胡蘆《ろ》（ひょうたん）、胡豆、胡塩、胡椒（ペッパー）、胡瓜（きゅうり）、胡桃（くるみ）、胡麻（イラン系の麻科の植物）、胡蒜（にんにく）、胡荽（コエンドロ）

など薬品その他にまだある。イラン系の外来植物が、中国の風土によくなじんで、中国本来のものとさえ見られている。

（住）　胡帳（テント）、胡座《こざ》、胡床《こしょう》

中国人は古く椅子に腰をかけていなかった。椅子を使うようになったのは、西域系の胡座や胡床に親しむようになってからである。日常の住居生活の革命。

（音曲）胡音、胡楽、胡曲、胡弓、胡竹（笛）

（胡騎――イラン・スタイルの乗馬――と胡粧）

胡騎、煙塵《えんじん》を起してより、
毛毳《もうぜい》（やわらかい毛で織った衣服）腥膻《せいせん》（なまぐさい獣を食べる胡人）、みな洛《らく》（陽）に満つ。女は胡婦とな
りて胡粧（イラン・スタイルの化粧）を学び、
伎《ぎ》（芸者）は胡音を進めて、胡楽《がく》をつとむ。

だから「胡音と胡騎と胡粧と、五十年来、粉泊《ふんぱく》（飛び走ること）を競う。」である。そして当代の化粧のスタイルは、髪のゆいよう、顔の化粧のしかた、すべてが華風（中国流）ではないという。

現在、日本の若い女性が髪を赤く焼き、人をおどろかすような化粧をほどこし、スポーツ・カーでさっそうとドライブし、男女とも昼夜おかまいなく騒曲をかなでおどるのと同じだろう。

深眼緑目、錐《きり》のような鼻、白色明貌、金髪の胡人（イラン系）である。したがって、わきがの強いのが多い。よく匂う。もちろん臭い。それでもよろしい。胡風（イラン・スタイル）のシンボルだから。時の人が、わきがを胡臭といって問題にしたのは当然だろう。そのようなことが、わきがのすくなかった日本の医学全書に、胡臭と狐臭などを説明させたのであった。

終りにもうすこし。中国、春秋《しゅんじゅう》時代の越《えつ》国の西施《せいし》という美人は、挙体異香（全身からただならぬよい匂いを発する）であったと、ものの本は伝えている。かの女が沐浴すると水までかの女の匂いがしたから、人びとはその水を大切に保存して、自分の居宅のまくやふすまにかけると、満室皆香になった

という。またかめの水のなかに大切にしてあるかの女の香水（実はからだをあらったあとの水）の沈澱物を丹念に乾燥し、錦の袋に入れて肌身につけると満身匂いにあふれたとさえいう。なんだか狐にでもだまされたような話である。唐の玄宗の楊貴妃も、また同じである。そして清代の香妃《こうひ》まで、挙体異香の女性が中国の史書に多く伝えられている。絶世の美女といわれたかの女たちにつきものの、伝説的な要素だといえばそれまでのことである。しかしかの女たちは、ほとんど西域系の胡族の出身で白色イラン系の美人であったから、わきがの強い、臭く匂う女性であったと想像される。とくに唐代の帝都・長安では、イラン系の美人が多かったろう。かれらはとくに臭かったろう。しかしこの臭さ、その匂いが、時の人の好みであった。

正倉院の臥褥（閨房）の香炉

八世紀なかばごろの奈良の正倉院は、中国の唐の文化文物はもちろんのこと、遠く中央アジア、インド、ペルシア、ビザンチンなどの文物を伝え、エキゾチシズムそのものである。と同時に、そのころの日本の工芸品を、そのまま今日まで残してくれている。

正倉院の蔵品は、天平勝宝《てんぴょうしょうほう》八（七五六）年五月三日に崩御された聖武天皇の遺愛品を、六月二一日の七七忌（逝去の日から起算して四九日めの日、なななぬか）にあたって、光明皇太后《こうみょうこうたいこう》が東大寺に献納されたのに始まっている。この時の献納品目録が有名な『国家珍宝帳』というもので、巻頭と末尾は皇太后がみずから作った願文《がんもん》（施主が願意を記す文）がのせてある。その供養《くよう》（三宝「仏・法・僧」またはなくなった人の霊に物を供えて回向すること）の主旨は、次のようである。

つねにすえながく（千秋万歳《せんしゅうばんざい》）、たしみを相わかちたいと思っていたのに、あの世とはばまれてみずも悲しく冷やかに、また霊寿（おとし）をますこともなく、穀林（はやし）のゆらぎ落ちるように亡くなられるとは、誰が期していただろうか。そして時の流れはとどめがたく、七七の忌（なななぬか）も、にわかにきてしまった。もふくはうたたつもり、悲しみはいよいよ深い。后土《こうど》（地の神）に思いをひらいてもしるし（それがきいたと認められるような効果）はないし、皇天（天の神）に訴えても、とむらってはもらえない。そこで、ここにおそなえに託して、もって御霊（みたま）に資したい（助けを与えたい）と思う。故にいま先帝陛下のおおんために、国家の珍宝、種々の翫好《がんこう》（おこのみのもの）、および御《おん》帯、牙《げ》の笏《しゃく》（束帯のとき、右手に持つ細長いうすい板、ここでは象牙のしゃく）・弓箭《きゅうぜん》（弓と矢）、刀剣、かねて（合わせて）書法（字の書き方）、楽器などを寄捨《きしゃ》（喜んで寄進）して、東大寺に入れ、盧舎那仏《るしゃなぶつ》（身光、智光があまねく無碍《むげ》の法界を照らして、まどらかに明らかな仏。ここでは東大寺の大仏）およびもろもろの仏菩薩（仏とその次の位のもの）と一切の賢聖《けんじょう》（知徳のすぐれた人びと）に供養し奉《たてまつ》ろうと思う。

そして最後に、皇太后の切々《せっせつ》（非常に熱心）な心もちのほどが記されている。

右のそれぞれのものは、皆これ先帝のお好みの珍しいもの、内司よりさしあげたるもの、目にふれると、くずれたおれんばかりである。

さてこの第一回の献納品中に、花唐草《はなからくさ》（花のあるつる草のはっている様子を、図案ふうに描写した模様）と動物文様《もんよう》の、銀製の球形香炉、全高二一センチがある。いわずとしれた聖武天皇の、お好みの珍物のひとつである。『正倉院棚別《たなべつ》目録』（第二版）は、銀薫炉《ぎんくんろ》と題してこう説明している。

銀製、鞠形《まりがた》の香炉。花形葛文《かつもん》（かづら模様）、獅鳳《しほう》（ライオンと鳳凰）*を透彫《すかしぼり》せり。半《なかば》より二つに割れ開く。蓋《ふた》は原品、身は新補品なり。内に廻転自在の鉄炉を装しあり、香をその中に焚きて衾裯《きんじゅう》衣服に薫ずる具なり。

*鳳凰。古来中国で麟《りん》、亀、竜と共に四瑞として尊ばれた想像上の瑞鳥。形は前は麟、後は鹿、頸は蛇、尾は魚、背は亀、頷は燕、嘴は鶏に似、五色絢爛、声は五音に中り、梧桐に宿り、竹実を食い、醴泉を飲むといい、聖徳の天子の兆として現われると伝えられる。雄を鳳、雌を凰という。

私は昭和二四、二五、二七年の秋、三回にわたって正倉院の宝庫で、親しくこの香炉を見ることができた。優美な球は径約一八センチで、中央のところでふたと身《み》が二つに割れて開くようになっている。そして球の内部には、三重の鉄の輪《わ》を鋲留《びょうど》めにしてある。この装置によって、回転自在で、しかも常に水平を保つ火盤すなわち香炉をささえている。いわゆる通俗にいうところの、がんどう返しである。りっぱなみごとにできている球形のふたの表面には、花唐草の流麗な模様のあいだに獅子と鳳凰を交互に配したすかしぼりがあって、イラン（ペルシア）スタイルの意匠を上手に中国化しているのがわかり、異国情緒をそそってくれる。

この銀薫炉と、構造や装置はまったく同じであるが、やや大型の銅製の薫炉が正倉院にある。球の表面であるふたの身のすかしぼりは、一二の車状の図紋を配し、かく車状の図紋内には流麗な花唐草がある。ここに銀薫炉と銅薫炉の二つをあげている。とくに後の図によって、内部のしかけ（からくり）がよくわかるだろう。前者の銀薫炉の内部も、これと同じである。

そこで私が問題にしたいのは、この二つの香炉のほんとうの用途である。どちらも球の内部の下の方にある鉄炉の中に、灰を入れて火をおき香料を焚いたのであるが、球全体がどう動いても、極端にはひっくりかえっても、がんどう返しのしかけになっているから、鉄炉は常に水平を保って火は消えず（もちろん火はこぼれないで）、香の煙りは綿々《めんめん》として絶えないようになっていることである。夜具の

花唐草と動物文様の球形香炉
（銀　全高21cm　正倉院蔵）

回転式の香炉（正倉院蔵）

なかに入れる「こたつ」などのような平凡なものでは決してない（これも現在では、もう旧式でめったに見られない）。香を鉄炉のなかで焚いて、夜具や衣服に匂いをしみこませるものであるという。しかし静かにそっと夜具や衣服などを球の上にかぶせて、匂いをうつすだけのことであれば、球の中味の下の方にある炉が、常に水平を保つように工夫しておく必要があろうか。それから全体が球形にしてあるのは、なぜだろう。

平安朝のころになると、伏籠《ふせご》（薫籠ともいう）といって、香炉の上に竹製の上品なかごをかぶせ、衣服などをその上において匂いを焚きしめている。この方が衣服によく匂いがしみこむだろう。

こたつの中の火を入れてある炉が、常に水平を保つしかけになっているのは、足でけったり動かしたりしても、炉の中の火が消えたり、あるいはひっくりかえらないためである。それと同じように、この高貴な回転自在のしかけのしてある香炉は、正倉院の棚別目録が説明しているように、たんに香をその中で焚いて、夜具や衣服に匂いをうつすだけのものではなかったようだ。

それで中国の古書をしらべて見ると、あるある。晋代の『西京《せいけい》雑記』のなかの一文である。

長安で丁緩《ていけん》という腕のよい職人が「臥褥《がじん》の香炉」というものを作っていた。別名を「被中《ひちゅう》の香炉」といって、もと房風《ぼうふう》という人が発明したのであったが、かれ以後製法がわからなくなっていたのを、緩があらためて作るようになったのである。

外形はまるくて、内部はくるくる動くようなしかけになっているから、この中にはめこんである小さい香炉は、常に水平を保つようにできている。臥褥や被中のなかでもあぶないことがないから、このような名を得たわけである。

臥褥（夜具）や被中（ねまき）などという名詞、そしてそれらの中に入れても危険がないという。もうはっきりしている。なんのことはない。ベットの中に入れて焚く、一種の閨房の香炉である。院の棚別目録は「衾裯衣服に薫ずる具なり」とむつかしそうに説明している。衾は「夜具、ふすま」で、裯は「汗とりのじゅばん、ひとえのふすま、ねまき」である。ひらたくすなおに字をしらべればよろしい。

唐や五代の詩文をひもとくと、閨房のとばりがおろされ、相愛のふたりがベットに入ると、侍女がぬいとりのしてある夜具のなかに、そっと薫炉を入れるという。そして、このときの匂いは、なんとなく重いようなねばっこいものであるという。唐末の才士の長短句を集め、情はまことに調逸《ちょういつ》（とものいすぐれている）で、思いは深く言葉は婉《えん》（しとやかでうつくしい）であるという『花間集』からひろって見よう。

相見るもまれで、相おもうのも久しい、
まつ毛はうっすらと安らかで、柳のけぶるようだ、

緑いろの幕をおろして、二人が同じ心にむすばれると、
侍女がぬいとりのしてある錦の夜着を薫じてくれる。

そして錦の夜着につける匂いは、ものぐさいようで重くねばっこいものだと歌っている。それはともかく、相愛の二人が愛のささやきを深めるため使用した、閨房の香炉であったというのがほんとうである。だから、球形で、中にある回転自由のしかけによって、小さい香炉はいつも水平を保ち、佳香はふんぷんとして絶えないものでなければ、大切な要件をみたしてくれない。今からすれば、そうむつかしいしかけではないが、当時は製法が秘中の秘とされていた珍品であった。そしてこのように珍しい原品は、中国には残っていないが、わが正倉院には珠宝として今日なお私たちの目にふれる。

では最後に、このような閨房の香炉では、どんな香料を焚いたのだろうか。沈香や白檀《びゃくだん》(サンタル)などであろうか。それともムスクなどをすこし入れたのだろうか。はっきりしたことは、わかろうはずがない。清澄な沈香のはげしく鼻の奥までつきさすような匂いに、くらくらとして助情の熱意をもやしたのだろうか。想像をたくましうするよりほかない。

この薫炉は、光明皇太后がありし日の天皇のお好みの珍品を、東大寺の大仏に献納したもののひとつであった。天皇を愛し、天皇の死をいたむことのかぎりなかった太后にとって、あまりにも生前をしのばせる絶品であった。「むかしを思い出し、目にふれるとくずれたおれんばかりになる。」と書かれたとおりである。

もうひとつむすびとして。日本に残っているこのような特殊な香炉の源流は、中国であることがわかった。そうすると、これは中国独自の発明か、それとも遠く中央アジア、インドあるいはもっと西の世界とつながりがあったものだろうか。現在の私にはわかっていないが、私にとって宿題であることをつけくわえておこう。

第二部　甘美の香

乳香は神、没薬は医師、黄金は王

十三世紀後半の世界的な大旅行家であるマルコ・ポーロは、かれの旅行記でペルシア国の話のなかに、次のようなことを語っている。

ペルシアにサバという都会があるが、イエス・キリストを拝しに行った、かの東方の三人の博士（マギ magi, wise man.）たちは、ここから出かけたのである。……この三人のマギはならんでほうむられ、遺体はいまだに完全で、髪もホホヒゲもそのままである。……サバから三日の行程のところに、カラ・アタペリスタンという町があった。われわれの言葉で、拝火教徒（火を神格化して崇拝する信仰。ここではペルシアのゾロアスター教をいう）の町という意味だ。……住民の話によると、昔あるとき、ちょうどそのころ生まれた予言者を拝しに、その国の三人の王が出かけて行った。黄金と乳香と没薬の三つのささげ物を持って、その予言者は神であるか、現世の王であるか、そうでなければ医師であるのかをたしかめるためであった。もし予言者が黄金を取るなら現世の王であり、乳香を取るなら神である。またもし没薬を取ったら医師すなわちこの世の救い主であるということだった。

三人の王は、かの子供の誕生の地に着くと、まず一番若い王が一人で訪ねて行った。すると子供は、年格好から姿まで、その王と同じように見えた。この王は、ひどく驚いてそこを離れた。その後から、次に年長の王が入って行った。すると、最初の王のときのように、年格好も姿も自分と瓜二つに見え、この王も胆をつぶして出てきた。次に三番目の王が入ったが、前の二人の王のときと同じようなことが起り、この王もすっかり思いに沈んでそこをはなれた。そこで三人の王は一緒になると、さきほど見たことを語りあった。かれらの驚きは大変なものであったが、今度は三人そろって入ることにした。

こうして三人そろって、かの子供の前に入って行くと、あたりまえの年格好、すなわち生まれてわずか十三日めの姿であった。そこで三人の王は、かの子供を拝し、黄金と乳香と没薬をささげた。かの子供は、三つのささげ物を受けると、三人にふたのしまった箱を授けた。こうして三人の王は、自分の国へ帰って行った。

幾日か馬の背中でゆられてゆくうちに、三人の王は、この子供がなにをくれたのか、あけて見ることにした。箱をあけると、中には石が一つ入っていた。かれらはいったいそれがなんであるのか、大いにいぶかった。かの子供は、まさに三人の王に芽生えた信仰が巌石のように固くあれかしというしるしとして、与えたのであった。かの子供が三つのささげ物を取るのを見た三人の王が、これこそ神であり、現世の王であり、医師（救世主）であるときめたことから、かの子供は三人の心のうちに信仰の芽生えたことを承知して、その信仰の堅く長く宿れかしというしるしに、石を与えたのであった。

というのであったが、かれらはその意味がよくわからなかったので、石コロを井戸の中へ投げこんだ。すると天から焔がおりてきて井戸の中に入り、永遠のほのおが燃えあがった。こうして三人の王は、始めて石の偉大な意義がわかり、その火をうつして持って帰り、立派な教会に安置し、この火を守り神として拝したという。こんなわけで、この国の人びとは火をおがむが、以上の話はみなこの国の町の人びとが直接ポーロ氏に語ったことで、真実なことばかりである。私（ポーロ）は、この三人のマギの一人はサバから、他の一人はアバから、いま一人はカシアンからきたことを申しくわえておこうといって、ポーロはこの話をむすんでいる。

ポーロの話は、①三人のマギとキリスト、②三人の王と予言者、③サバとカラ・アタペリスタンという二つの町、などにわかれているが、あるいはそれらが混雑しているようなふしもあって、どうもすっきりと筋がとおっていない。かれより三五〇年ほど前に、有名なアラビアの歴史家マスディーも、同じような話を伝えている。

ファルスの国に火の井戸というものがある。その近くに寺院がある。救世主が誕生されたとき、コルセー王は、三人の使者をかれのもとに派遣した。一人は乳香の袋を、次は没薬を、そして三人めは金の袋を持って。かれらは王の指示にしたがい、星の案内によって出発し、シリアに到着して、母マリアにいだかれている救世主に会った。

ポーロの伝えるサバ、アバ、カシアン、カラ・アタペリスタンなどと、マスディーのファルスでは、同じペルシア国内でも、まったく異なった地方である。そしてマスディーの話は簡単であるが、内容はポーロとよく似ている。とくに「星の案内によって出発した」いう点は、次の話と関係があっておもしろい。ポーロの話とともに、ペルシアの田舎の各地で古くから人びとの間に語りつがれていた話であったように想像される。

前の二つよりも古く『新約聖書』の、マタイによる福音書に、キリストがユダヤのベツレヘムで生まれたとき、東方からきた博士（マギ）たちが、エダヤの王として生まれた人は、どこにおられるか

幼いキリストに乳香，没薬，金をささげる三人のマギ（大英博物館蔵　古版画）

とたずねた。そしてかれらは、東の方で見た星の案内で、母マリアにいだかれている幼子キリストを拝し、宝の箱をあけて「黄金・乳香・没薬」の三つの贈り物をささげたとある。キリストの生誕にちなんだ、あまりにも有名な話である。

マタイ福音書とマスディーとポーロの三つの話は、おのおの独立していてはなればなれで、相互につながりのないものだろうか。私は、そう考えたくはない。東方のペルシアに、古くから乳香は神、没薬は医師（救世主）、黄金は現世の王であるという説話があった。マタイ福音書の編者は、キリストの生誕を偉大なものとするため、このペルシア系の話をキリストの生誕と結びつけたのではなかったろうか。

あるいは、このようなペルシア系の説話が、すでに早くからユダヤ人の間に伝わっていた。だから、かれらが神であり救世主でありキングであると信じ崇拝する人の出生にあたって、かれらが古くから聞き伝えていたペルシア系のこの考え方を取りあげたのではなかろうか。もしそうであったとすれば、キリストの誕生と黄金・乳香・没薬の三つのささげ物を結びつけたマタイ福音書の話が、今度はユダヤからペルシアの方へ、逆輸入されたとも考えられる。ポーロのキリスト教的なものとペルシアの拝火教など、ペルシア本来のものとの混雑があるのは、あるいはこのようなためではあるまいか。マスディーの話は簡単であるが、これもまた火の井戸とマタイ福音書の二つからなっている。

ポーロの伝える話は、どうもすっきりしていない。混雑があるのは、かえって素朴に説話の原型を保存しているのかもしれない。しかし、マスディーやマタイ福音書の話とつないで見ると、乳香は神、没薬は医師、黄金は王であるという、三つの高貴品に対するペルシア人の考え方が、厳としてあったように思われてならない。そして私は、このような考え方を、ただ古代のペルシアだけに限定しないで、広く古代のオリエントで伝えられていた説話ではなかろうかと考えたい。そういうわけで、これから古代のオリエントを中心にして、黄金と乳香と没薬の三つの貴重品に目を向けて見よう。

黄金がいつの時代でも、どこの国でもたっとばれたのは、いうまでもない。ところが、古代のオリエントやギリシア・ローマの人びと、そして中世から近世の初めまで、西方の世界では、太陽がのぼるところの東方のはしの地帯から黄金が出ると信じていたようである。たとえば前五世紀のギリシアのヘロドトスは、こういっている。

人の棲息地として世界のはしにある国は、天から与えられたもっとも恵まれた物資を享有しているようである。インドは私が指摘したように、世界のもっとも東方のはしに位いするが、……そこには金が豊富にあって、採掘されたり、河に運びおろされたり、私がのべた方法で採集されたりしている。

だからかれら泰西《たいせい》の人びとの東方への進出、すなわち遠征や探険と航海は、まだ知られていなかった東方の国々に黄金を探し求めた、執念の結晶であったといってよかろう。

古代エジプトの歴代の王たちは、黄金を求めてナイル河の奥地までたびたび探険し、遠征隊を派遣した。そして前十五世紀には紅海を東へ航海し、東アフリカのソマリーランドのある地方と見なされるプント国や、東アフリカの奥地であるエチオピアに、前代未聞の遠征隊を出している。前十五世紀のユダヤのソロモン王は、オフィルという東方のある国から、これもまたいまだかつてない多量の黄金を獲得したという。またアラビア南部のサバの女王は、多量の金と香料をソロモン王に贈ったと伝えている。

前にふれたように前五世紀のヘロドトスは、東方インドのインダスの河畔に黄金が出るとしていた。それから紀元前後になると、ギリシア人とローマ人は、ガンジスの河口からビルマのペグーへ、そしてマレイ半島を黄金の島とさえ見なしていた。さらに時代がくだると、スマトラからジャバ・ボルネオへというふうに、東へ東へと金の産地が移動していった。

とにかくある時代をとって見れば、泰西の人たちから見て、そのころ人間のすんでいる東方のはしの地帯と見なしたところ、太陽がのぼる東のはしの下にあると考えられた地域から、黄金が多量に出るものと信じていたようである。

たとえば古代の日本の名称である「倭《わ》」という名を、初めて西方に紹介したのは、九世紀のアラビアの地理学者イブン・コルダードベーであった。かれはワク・ワク（倭）の国には、黄金がたくさんあると伝えている。これが十三世紀後半のマルコ・ポーロの、黄金の国・ジパング（日本）という話になって、日本の名が世界に広まった。コロンブスは、ジパングの黄金と東インドのスパイスを探し求めて、一四九二年に中南米のキューバを発見した。かれは最後まで、ジパングと東インドに到達しようと念願していたが、目的を果たすことはできなかった。それはともかくとして、中世の末から近世の初めにかけて、日本はシナ本土の東方の海上にある、泰西の人たちの地理上の知識の限界点、すなわちはしにあったわけである。

以上は西方世界の人びとが、東方に黄金を求めたほんの数例にすぎない。とにかく、いつの時代であっても、どこの国の人であっても、黄金は万人の欲し求めてやまないものである。そして現世ののである。この世の王（キング）にあたると、古代オリエントの人びとが考えたのは当然であったろう。

乳香と没薬は、アラビア南部海岸のハドラマウト地方と、その対岸にある東アフリカのソマリーランド海岸に産する、芳香ゴム・レジン（fragrant gum resin）である。乳香は主としてボスウェリア属、没薬はコミフォラ属とバルサモデンデロン属の、数種の樹木に切り傷をつけ、滲出する樹液（ガム・レジン）が空気にふれて凝固したものである。この乳香の各国語はつぎのとおり。

〈ヘブライ lebonah. アラビア lubān. ギリシア libanos. 中世ラテン olibanum.

ヘブライ語のレボナーとアラビア語のルバーンは、ともにミルク（milk）のような、すなわちミルク・ホワイト（milk white. 乳白色）の意味である。たとえば有名なシリアのレバノン山脈は、ミルクのような白雪をいただく山というわけである。ユダヤ人たちが生活していた炎熱乾燥のパレスタインの荒地から、パラダイスを思わせるような白い雪をいただく山の意味で、なにか深い親しみをこめているようである。まずしい農業と牧畜で生活していたかれらにとって、カナンの沃地《よくち》とともに、忘れてならないのはミルクである。かれらの生活の糧《かて》である。乳香は白色半透明のミルクのしたたりがかたまっているようだから、そう名づけたのであった。そして同時に、かれらにとり神と同等に大切なものであった。

英語で乳香 olibanum の別名を frankincense という。これは古いフランス語の franc encens から転訛《てんか》したもので、真正、純品のインセンス（incense）あるいははインセンス全体の意味である。そうするとインセンスは乳香だということになるが、インセンスは香料を焚いた煙、すなわち焚香料のことで、近世ラテン語の incēnsum である。

古代の香料の使用は、東西の両世界を通じて、宗教上の儀礼のため祭壇で香料を焚いたことから始まっている。焚いてよい匂いをみなぎらせる香の煙（インセンス）が、古代人に最初に香料としてとりあげられた。かれらの崇拝する天や神と、かれらを結ぶ最上のなかだちは、香の煙であると見なされ、信じられていたのである。よい匂いは神や天を喜ばせ、礼拝する人びとを恍惚の境にさそってくれる。そしてこのなかだちとしてもっとも適しているインセンスは、乳香という香料で代表されていた。

香料は発散性が強い。よく発散するから、われわれは鼻で匂いを感じる。芳香ゴム・レジン（fragrant gum resin）は、ゴム質であるため、空気中の常温ではあまり匂いをぷんぷん発散しない。しかし加熱するとゴム質は融解して、含有されている本来の香気分が十分に発散する。香気のある植物の花、果実、種子、葉、皮、茎、枝、幹、根（茎）などは、そのままあるいは乾燥したものでも、時日がたつと匂いは発散してなくなりやすい。それらにくらべると、ゴム・レジンは、もっとも長く香気を保持してくれる。また芳香ゴム・レジンは、植物の他の芳香部分より、高気分を含有しているパーセンテージが高いから、匂いのかたまりだとさえいってよろしい。

そういうわけで、芳香ゴム・レジンがまずインセンスとして、もっとも早く古代から使用された。

そしていろいろのインセンスのなかで、乳香が一番多く使用された。それはインセンスとしてもっとも適する性状を持っていることと、産地がオリエントの古代の文明諸国に近く、その甘美あふれるスウィートな匂いが、かれらの好みにもっとも適したからである。そして、このことはそっくり、古代のギリシア人やローマ人に引きつがれた。こうしてインセンスは、乳香であると見なされたのであった。

インセンスすなわち乳香であるという考え方は、植物の芳香性揮発油（essential oils）と合成香料（aromatic chemichals）を主体とする、現代の香料全体を表現する Per fume という言葉自体にも認められる。これはラテン語の per fumum すなわち、煙を通じてという言葉から転じている。よい匂いは香料を焚いて、その煙のなかに感じる。だから、古代の人びとは、インセンスはペル・フュマムであると考えたのであった。そしてこのような考えかたから、現代の香料全体をあらわす言葉となっている。そうすると古代のパーフューム（香料）はインセンスで、それは乳香であると解釈されていたのであった。

以上のように乳香を意味する言葉だけから見ても、乳香は古代の香料の中心、あるいは代表であったのがよくわかる。それは天や神を祭るのに最上のもの、なくてはならないものであったから、神のもの、神と同じものであると見なされていたのであった。

前十五世紀のエジプトのハットセプスト女王（Queen Hatshepsut）は、デル・エル・バフリ（Deir el Bahri）の神殿のもっとも聖なるところで、アモン（Amon）の神に祈ったとき、「プント（Punt）

への道をさがし求め、乳香の国への通路を見出すべし」という神のおつげを受けた。女王は直ちにアモンの神の命ずるところにしたがって、アモンの神のために、アモンの家にプントを作り、神殿のかたわらの神苑に、神の国の木である乳香と没薬の生きた樹木をうつし植えようと考えた。こうしてエジプト始まって以来、始めての大規模な五隻の海上遠征隊が、プントに派遣された。遠征隊は前代未聞の大量の宝物をプントから満載して帰り、女王は歓喜にあふれてそれらをアモンの神にささげたのであった。神の国のあらゆるすべてのよい匂いのする木、多量の乳香と没薬、生きた乳香と没薬の木などと、デル・エル・バフリの神殿のレリーフは、遠征隊の最高の目的とその達成を記している。このプントの国は、ソマリーランドのある地方(紅海の入口をすこし出たところ)だと想像されるが、乳香と没薬の産地である。そしてプントは、神の国であり香料(インセンス)の国であるといわれたから、インセンスは神のものであり、インセンスは神と同じものだと、古代のエジプトで考えられたのであった。

ミルクのしたたりがかたまってできたような、優雅な姿と色と、甘美な匂い(sweet ordor)の乳香とならんで、それに劣らず使用されたのが没薬(myrrh)である。乳香とほぼ同じ地域に産し、黄赤褐色の不規則な塊状をした芳香ゴム・レジンである。外観から見れば、乳香のようにスマートで上品なものではない。

ヘブライ mōr. アラビア murr. ペルシア mor. ギリシア myrra. ラテン myrrha. である。

ヘブライ語のモールとアラビア語のムルは、ビッター(bitter)という意味である。乳香のミルク

没薬樹（14世紀のなかば　イスタンブールの Süleymanie Mosque 蔵）

を思わせるスウィートの反対で、没薬自体の性状をよく表現している。わが国では sweet を甘い、bitter を苦いと単純に解しがちであるが、それでは十分でない。スウィートは甘美なことから、軽快な楽しさなどで温和であるが、ビッターは苦いというよりも刺激の強い、するどいようなピリッとくるもので、力強いものといえる。

だから没薬は、香料であるとともに乳香以上に薬物として広く使用された。ビッターであるというのは、薬物としての使用が主であったことを示している。神は人間の世界を救ってくれる。没薬は人間の病気をなおしてくれる。生命をのばしてくれる。人間生活の救い主である。だから医師にあたると見なされたのであった。たとえば古代のヘブライ人の間では、神が医師に人間の病をいやす術をわかちあたえたのだから、医師は神と同格であるとさえ考えられていた。

没薬の医薬上の効能をよく示しているのは、エジプトのミイラの製作である。前二十五世紀ごろから紀元前後まで、エジプトでは死体をミイラにして保存する風習があった。エジプト人は、人間の肉体と霊魂の永遠の結合を信じていたからだという。そのためミイラの製作は、重要な職業のひとつとして、特殊な技術を必要とするものと認められていた。そしてこの製法は、とくに秘密にされていたようで、エジプトの古い資料はこの点をあきらかにしていない。ただ前五世紀のヘロドトスと、一世紀のディオドロスという二人の外国人が、旅行者の見聞としてわずかにミイラの製法に言及しているにすぎない。ヘロドトスはこう記述している。

ミイラの製作を専門の職業として、その技術を会得している者がある。……かれらは、かれらのもとへ遺骸がもたらされると、……上、中、下のどれで作るかをきめさせて、注文を引き受ける。

ミイラ師は屋内の秘密の作業場で、ミイラ作りに着手するのであるが、そのもっとも丁重な方法、すなわち上製はこうである。まず鉄の鉤《かぎ》で鼻腔を通じて脳をえぐり出すとともに、その一部は薬品の注入によって引き出す。それから鋭利なエチオピア石で脇腹にそうて切開し、内臓を全部取り出し、腹部をパーム椰子《やし》の酒《ワイン》でよく洗滌し、つきくだいた香料で浄《きよ》める。そうしてから純粋の没薬や肉桂その他の香料（ただし乳香をのぞく）のこまかい粉末をつめこんでもとのとおりに縫い合わせる。それが終ると、七〇日間ソーダ液のなかに漬けてミイラにするのであるが、それ以上に長く漬けておくことは許されない。七〇日が経過すると、ミイラになった死体をふたたびパーム椰子のワインで洗って、全体を亜麻（リネン）の布で作ったホウタイで巻きつつみ、

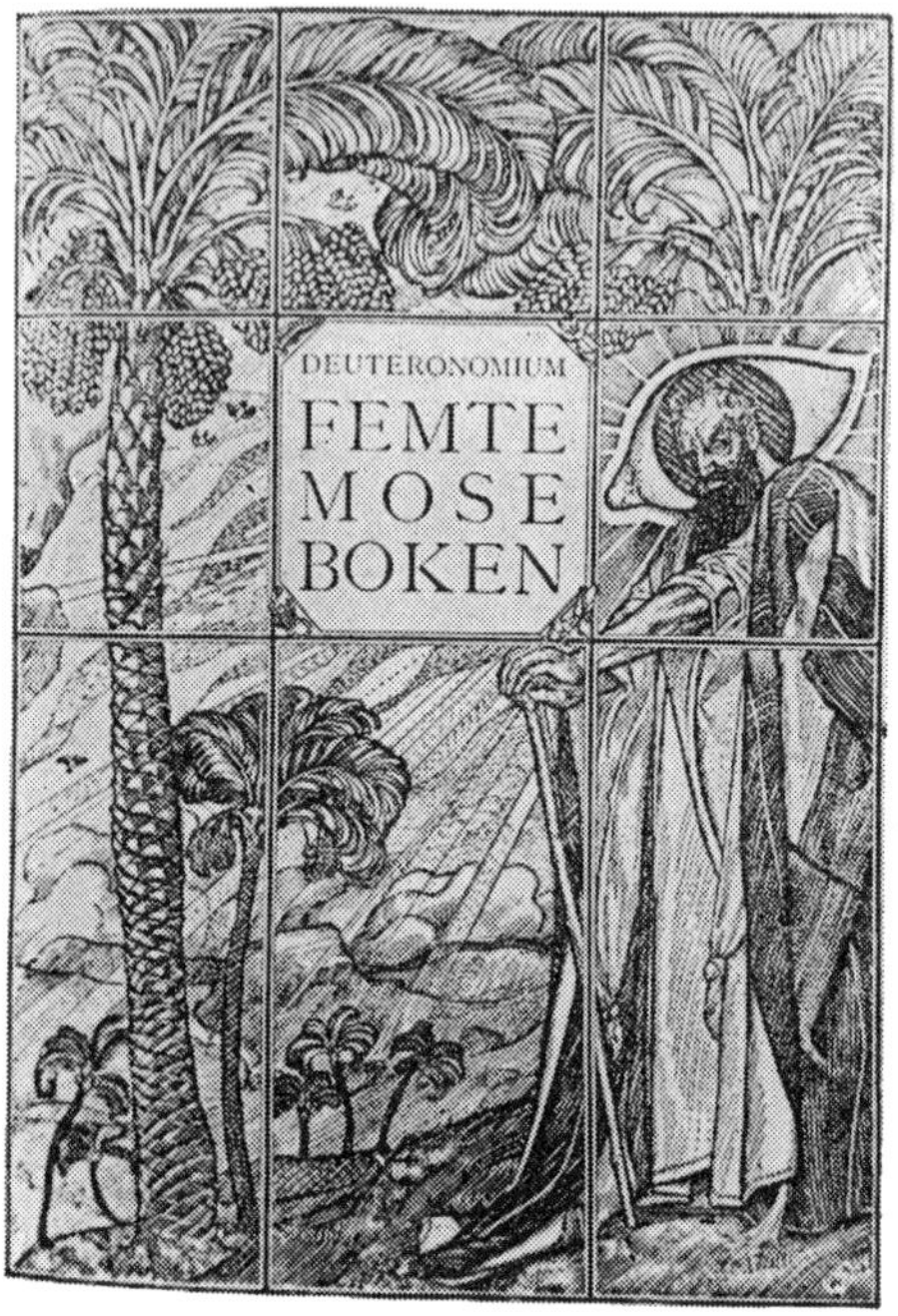

パーム椰子とモーセ

その上にエジプト人がニカワの代りに用いる匂いの高いゴムをこすりつける……。

ソーダ液に適当な日数だけ浸漬して、死体をミイラにするのであるが、没薬を中心とする香料を、死体の悪臭を消す清浄剤、そして腐敗をふせぐ防腐剤などと、よく効果的に使用している。この場合、乳香が除外さてているのは注目に値いする。それから、できあがったミイラに、匂いの高いゴムをこすりつけるとある。これは単純な芳香ゴムではない。動物性あるいは植物性の油脂などにゴム・レジンを溶解させ、没薬その他の香料で匂いをつけた香膏（ointment）もしくは香油（unguent）の類であった。匂いの高い貴重な薬剤であるとともに、化粧料（cosmetics）であった。死体に入念な化粧をほどこす。高価な匂いの高い油をぬる。われわれ日本人には、いささか予想外のことのようであるが、死体がミイラとして保存されれば、その人の霊魂はミイラのなかに安住して永遠に生きている。ゆめおろそかにはできない。

死体の匂いつけと化粧は、エジプトのミイラが代表的のようであるが、古代オリエントからギリシアにかけて、古くからあった風習であった。たとえば、ヨハネ福音書に、十字架にかけられたキリストの死体を埋葬したとき、没薬とアロエをまぜたものを百斤ほど持ってきた。かれらはイエスの死体をとりおろし、ユダヤ人の埋葬の習慣にしたがって、香料をいれた亜麻の布で死体をまいたなどとある。貧乏人でさえ、高価な香料の入った香油類を死体にぬって埋葬したのである。そしてこのように大切にされた化粧料は、没薬の匂いを主体とした香油（あるいは膏）であった。

ミイラや死体にぬりこんだ香油は、至上至聖のものである。古代のエジプトでは、神々の像に香膏（と油）をぬり、神々を礼拝する人びともそれにならっている。こうして化粧料としての香油が出現した。そして没薬が香油の匂いの主体であった。薬剤として衛生上の効能とともに、強い刺激からくる快感がたのしめる。薬剤からコスメチックである。

炎熱乾燥あるいは高温多湿の地域では、どうしても身体の臭気が問題になる。身体の臭気はとくにわきがで代表されることが多い。黄と白と黒色の三つの人種で、黒色系が一番わきがが強く、白色系はそのつぎで、黄色系はもっともすくない。だから黒色と白色系の人種では、体臭とくにわきがの臭さを調和してくれる匂いが、化粧料として必要である。それから炎熱乾燥の地帯では、皮膚のあれを防ぎ体温の発散をはかるため、身体に香油などをぬることが要求される。女性の大切な顔や肢体など、とくにである。メソポタミアでは、高貴な女性の化粧料として、没薬入りの香油が古代から使用されていた。

体臭をやわらげ、顔や手足と肌を美しくし、快感を与えてくれる没薬入りの香油は、神から人間まで、そして天国と地獄へゆく人間まで清浄にしてくれるものであった。没薬は乳香とならんで大切な香料であるとともに、貴重な薬剤であった。現実の人間生活の救い主である。医師にあたるというわけである。

このようにして、乳香は至聖なもの、すなわち神である。没薬は人間の病いを治す医師、金はこの世の統治者である王と、古代のオリエントで認められていたわけがよくわかるだろう。

ソロモン王とアラビアのサバの女王

昭和三五年のことであった。私は「キング・ソロモンとサバの女王」というアメリカ映画を見た。題名がなんとなく、私の歴史的な関心（興味）をそそったからである。イスラエルの黄金時代を出現させたソロモン王（前約九七一―約九三二年）のところに、遠くアラビアの西南端からやってきた「香料の国、サバの女王」が、純なる愛情をソロモン王によせたという、案外とりとめのない娯楽ものであった。当時の大国であったエジプトと新興国であるイスラエルの、どちらにとっても、サバの女王の向背《こうはい》(従うこととそむくこと。なりゆき）が重大な鍵であったということに映画の筋書がのせてあった。ここにサバの女王の映画的な存在がある。

この話は『旧約聖書』の列王紀、上、一〇章、一―一〇によるものである。

サバの女王は、主の名にかかわるソロモンの名声を聞いたので、難問をもってソロモンを試みようとたずねてきた。かの女は多くの従者をつれ、香料とたくさんの金と宝石をラクダにおわせて、エルサレムにやってきた。……サバの女王は、ソロモンのもろもろの知恵と、ソロモンが建てた宮殿、その食卓の食物と、列座の家来たちと、その侍臣たちの伺候ぶり、かれらの服装とかれらの給仕たち、およびかれらが主の宮でささげる燔《はん》祭《さい》（古代のユダヤで、石造の祭壇に供物《くもつ》の動物の血を焼いて神にささげること）を見て、まったく気をうばわれてしまった。
かの女は王に言った。「……あなたの神、主はほむべきかな。主はあなたを喜び、あなたをイスラエルの王の位にのぼらせられました。……」そしてかの女は、金一二〇タラント(注)および多くの香料と宝石を王に贈った。サバの女王が、ソロモン王に贈ったような多くの香料は、ふたたびこなかった。

あの映画にあったように、サバの女王の向背が古代オリエント諸国の政治と外交に、とくにエジプトとイスラエルにとって、それほど重大な影響力を持っていたのだろうか。ソロモン王によせたというサバの女王の愛情とともに、はなはだもってまゆつばものである。

しかしである。オリエント先進諸国の王侯・貴族・司祭(神官・僧侶)たちが、かれらの崇拝する天や神に供えるものとして、なくてはならないインセンス、とくに乳香と没薬はアラビア西南部と対岸のソマリーランドの特産物であった。サバの国は、この二つのインセンスの供給を支配していたから、乳香と没薬はサバの産物である。サバから来るものと、古代のオリエント諸国ではひとしく認めていた。サバは万人のあこがれのまとであった。ソロモンの栄華とサバの女王を結びつけた話は、十分なニュース・バリューがあった。それが事実だったのかどうか、ほんとうのことはわからない。わからなくても、サバの値うちはさがらないからよろしい。

それでは横道になるようだが、列王紀のいうサバの女王について、すこしせんさくして見よう。ある学者は、この女王を、アラビアのサバではなくて、エチオピアの古代国家の女王であろうとしている。いまここで、この考え方に深入りしないが、いささかどうだろうという気もする。これに対して他の学者は、アラビア南部のエーメン地方（すなわちサバ）や遠く東アフリカのエチオピアから来たのではなく、むしろアラビア北部の隊商路に駐屯していた、サバ人の部落の美人であったろうと解釈している。直接の証拠にはならないが、間接の証明は次の文である。

ソロモンの雅歌《がか》で、女のうちでもっとも美しい者は、シュナミの美姫であると歌っている。そして列王紀に、年老いたダビデ王のことについてこういっている。

ダビデ王は年が進んで老い、夜着をきせてもあたたまらなかったので、その家来たちはかれに言った。「王わが主のために、ひとりの若いおとめをさがし求めて王にはべらせ、王のつきそいとして、あなたのふところに寝て、王わが主をあたためさせましょう。」そしてかれらは、あまねくイスラエルの領土に美しいおとめをさがし求めて、シュナミびとアビシャグを得、王のもとにつれてきた。おとめは非常に美しく、王のつきそいとなって王につかえたが、王はかの女を知ることがなかった。

そしてかの女は、アラビアのケダ族の人であったという。そうすると、ユダヤ人のさがし求めた美人は、アラビア系のシュナミ人からということになる。とにかくアラビア系の美人と宝石や香料と黄金が結びついて、ソロモンとサバの女王ということになったのだろうか。想像はいくらでも生まれてくる。

そんなことはどうでもよろしい。熱烈に求められていたアラビアのインセンス、とくに乳香と没薬はすこぶる高価だった。遠くアラビア南部の原産地からサバ人の手を経由して、困難な砂漠の道をたどり、幾多の民族や国々を通らねばならない。途中の宿駅で費用を支払い、いたるところの国々で税金を取られる。盗賊の難も多い。そして商人から商人へと、いくたびも手をくぐるから、やっと地中海の海岸へ到達するところには、目の玉の飛び出るような値段になってしまう。それでもあこがれのインセンスであった。神々の祭祀になくてはならない。などというところに、原産地方でまず乳香と没薬の二つの香料を支配していたサバ人の名とかれらの国が高く評価された理由があった。

多分に伝説的であるが、サバ人の名は『旧約聖書』に多く記されている。クシ（ハム）系ラアマの子、あるいはセム系のヨクタンの子などと、民族の系譜まで説かれている。ただし真偽のほどは別のことである。前八世紀にユダヤ王国に属していた予言者イザヤは、サバ人の隊商が金と乳香を持ってくるという。前七世紀の予言者エレミヤは、サバからわれわれの国へ乳香が運ばれ、それよりなお遠い国からカラムス（calamus）がくるという。そして前六世紀初めの大予言者エゼキエルは、当時もっとも繁栄していたフェニキアの貿易港ツロの隆昌を語ったなかで、サバとラマの商人が、すべての主要な香料と金および宝石を取り扱っているといっている。このラマは、一世紀のローマの博物学者プリニウス（二三—七九年）によれば、サバ人の国の北に接続するミナ人の都邑で、アラビア人のあいだでもっとも古い商人の一群であった。かれらは紅海の海岸づたいに北上し、アラビア北部のナバタイ人の主都あたりまでの隊商路を支配していたという。このようにして、乳香と没薬を中心とする香料は、サバ人のものと見られていたのであった。

では前六世紀のエゼキエルにつづいて、前五世紀のヘロドトスの伝えるところにうつろう。

アラビア人は、ペルシアのダレイオス一世（前約五五八—四八六年）に、毎年一、〇〇〇タラントの乳香を献上している。

バビロンの神殿では、大きい方の祭壇にカルデア人が、毎年この神の祭りを祝うとき、一、〇〇〇タラントの乳香をささげた。

どちらも一、〇〇〇タラントで、(注) どうも信用がおけないようであるが、多量のアラビアの乳香が毎年ペルシア帝国に献上されていたと思えばよろしい。さらにヘロドトスは、アラビア南部の香料とくに乳香と没薬について、こういっている。

> アラビアは人間の棲息地として最南端に位置するが、乳香・没薬・カッシア (cassia)・シンナモン (cinnamon)・ガム－マスチック (gum mastich) を産するのは、あらゆる国のなかでここだけである。没薬以外のものは、すべてそう簡単にはアラビア人の手にはいらない。かれらはこれ (乳香) を、フェニキア人がギリシアから輸入する蘇《そ》合香《ごうこう》 (storax) をくすべて採取している。というのは、乳香を生じる樹木には、身体のちいさいさまざまの色をした羽のある蛇がおびただしい群をなして、各樹木の周囲に見はっておるからである。あのエジプトを襲撃するのは、まさしくこれらの蛇であるが、かれらは蘇合香の煙り以外には、どんなものをもってしても、それらの樹木から駆逐されない。

以上で前十世紀ごろから、サバの乳香と没薬がオリエントそしてギリシアの人びとの注目のまとであったのが、よくわかるだろう。そして早く、キング・ソロモンとサバの女王を結びつけた話が流布されたのだろう。

(注) タラント talent。古代のアッシリア、バビロニア、ギリシア、ローマその他で使用した衡量および貨幣の単位。時代と国によって量目を異にしている。バビロニアの銀一タラントは三、〇〇〇シケルにひとしいという。また古代ギリシアでは、普通一ハンドレッド・ウェート (一一二ポンド) の二分の一であったという。そしてアチック・タラントは、通常六ミ

ナすなわち三四三ポンド五シル（金銀）であったという。そうすると列王紀の一二〇タラントは、それがもし事実であったとすれば、想像以上の黄金の量であったようだ。後のヘロドトスの一、〇〇〇タラントの乳香についても同じである。

アレクサンダー大王のアラビア（サバ）遠征計画

アレクサンダー大王（前三五六―三二三年）が、まだ幼年のときのことであった。祭壇ですこしばかりの乳香を焚いていたら、かれの家庭教師であったレオニダス先生が、乳香を産するサバ人の国を征服するまでは、もっともっと倹約しなければならないと忠告したという。貧乏なマケドニアの王家では、乳香はまだ贅沢品であったのだろう。

二〇歳で即位したアレクサンダーは、東方のペルシア大帝国征服の雄図《ゆうと》をいだいて、三五、〇〇〇人の兵をひきつれ、前三三四年にヘレスポントス（Hellespontus）を渡り、小アジアの一角に上陸した。かれの意気は、すでにペルシア全土を呑むものがあったように伝えられているが、全軍の食糧はわずか一〇日分という心細い軍備であった。それでもかまわずに軍を進め、ペルシア軍と戦ったら大勝利をおさめた。アレクサンダーの類まれな知略と勇気もであるが、ペルシア軍の方があまり弱体だったからだろう。そこで軍をシリアからレバノンへ進め、地中海岸のフェニキアの諸都市をつぎつぎに占領して略奪をほしいままにした。エジプトに近いガザ（Gaza）の町を占領したとき、なにはさておいて五〇〇タラントの乳香を、かれはレオニダス先生に送りとどけたという。かつてはしかられた先生に、私も今はこれくらいなことはできるようになりました。どんなものです。と、子供らしいところもあるが、若い征服者の意気揚々としたものが認められる。

かれはそれからエジプトに入って、多数のピラミッドをあばき、莫大な金銀財宝を奪い取った。こうして獲得した財宝を軍資金として、バビロンでメソポタミアを根拠地としていた当時の世界的な商人と談合し、ペルシア本土遠征の計画と準備がととのった。かれはダレイオス三世（在位、前三三六―三三〇年）を追って遠征を進め、ペルシア本土をじゅうりんして、遠く中央アジア、西トルキスタンのサマルカンド地方まで軍を進め、後のギリシア人国家となったバクトリア王国の基礎を作った。さらにこの地方から東南へ進み、インドの西北部に侵入したが、長途数年にわたる遠征で兵士はつかれはて、西トルキスタンでは現地の民族に圧迫され、インドでは敗退を余儀なくした。

その結果、全軍を二つにわけ、本隊はインド洋にそうゲドロシア（Gedrosia）海岸の陸路をたどり、他の支隊は海上をこの海岸線にそうて航海し、前三二四年というから、ヘレスポントスを渡って一〇年ぶりにやっとスーサ（Susa）に到達した。そしてバビロンに入ると、かれは「世界の王、諸王の王」であると信じ豪語したのであった。

インドから後退を余儀なくされても、かれにはなお征服できると信じている国、いやしなければならないと考えていた土地があった。それは、富めるアラビア、香料の宝庫、アラビア南部のサバ人の国である。かれが遠征後のまもないとき、ガザから乳香をレオニダス先生に送りとどけたのは、やがては富める国、香料の宝庫であるサバの国を、自分のものにして見せると、愛する先生に予告したつもりであったのかも知れない。

大王がインドから退却するとき、インダス河の川口から海岸づたいにペルシア湾に入った海上部隊は、ゲドロシア海岸の土民の案内によって、ようやくペルシア湾の入口に達することができた。湾の入口の極めてせまくなっているオルムス（Hormuz）の海峡で、はるかにアラビア本土を眺めたとき、「あそこ（アラビア）からアッシリア人が、シンナモン（肉桂）その他の香料を運んでくる」ということを、海上部隊長のネアルコスは、土地の住民から聞いている。

大王のアラビア南部海上の征服計画と実行は、近い将来にふたたびインドを征服することができれば「インド←―メソポタミア―→アラビア―→エジプト」間の支配を、海上のライン（線）によって確保しようという、遠大な計画であったらしい。それとともに、若いときから聞かされていたアラビアの富、とくに香料の国という南部のサバに対して、絶大な関心を持っていたようである。インドからの海上部隊長であったネアルコスは、南アラビアの香料資源について、「アラビアのオアシスにカッシア、樹木から乳香と没薬、灌木よりシンナモン、牧場に甘松香《かんしょうこう》(spikenard)を生じる」と報告している。

カッシアとシンナモン（どちらも肉桂）ならびに甘松香は、正確にはインドの原産である。それとアラビア南部原産の乳香と没薬が、みなアラビアの産物だとされている。ここでは、その点までふれないことにしておこう。とにかく香料の宝庫である。今まで誰も征服することのできなかった国である。ペルシアのダレイオス一世のとき、アラビアはペルシアに臣従していたのではないと、前五世紀のヘロドトスは伝えている。そしてこのアラビアは、北部のメソポタミアなどに近いアラビアを指していたのではなかった。だからアラビアの南部は、オリエント諸国の手のとどかない、はるかかなたの宝の国であった。全世界を征服し、諸王の王であると信じていたアレクサンダー大王にとって、かれに使節を送らない国は、アラビアであったと前四世紀のアリストビューラスは伝えている。このアラビアは、一世紀の地理学者ストラボンによれば、疑いもなく南アラビア（Arabia the Blest. 祝福されたアラビア）すなわちサバ人の国を指していた。

オリエントの三日月地帯（Fertile crescent. チグリス・ユーフラテスの河畔）からアラビアの南部まで、陸路を大部隊で遠征することは、広漠とした砂漠つづきでなかなか困難である。不可能に近い。とくにアラビア南部地帯の北によこたわる広大な砂漠は、アラビアの中部から南部にかけて広がっている有名なルバ・アル・カリ（Al-Rab Al-khāli）で、動植物の生育を拒否している。自動車と飛行機が発達するまで、この砂漠を横断した欧米人は、今世紀に入っても少数であったという。このような砂漠の南西部、インド洋に面する紅海入口のアデンの奥地一帯が、有名なサバ人の古代国家であった。

しかしアラビアはペルシア湾と紅海にはさまれ、インド洋に突き出た大きな半島で、南部の海岸は東西のこの二つの海につながっているはずだと、古くから知られていた。アラビア南部のいろいろの種族と国々を経由して、紅海とペルシア湾沿岸の両方面へ、おのおの沿岸の陸路をつたって、南部に産する香料が古くから転送されていたからである。どちらかの湾（と海）から、海上を沿岸づたいで航海すれば、西南部へ到達することができると、ネアルコスはアラビア南部海岸周航の可能性を信じていた。また南部の海岸を周航することによって、メソポタミアとエジプトをつなぐ海上交通も開け

る。しかし誰も実際には、この沿岸周航に成功した者はなかったらしい。(注)

大王はバビロンに帰ってまもないときである。征服した世界帝国の新しい建設にさいし、多くの問題が山積している日常であったろう。そうであるのに、かれは早速に海上からアラビア南部の遠征を計画し、実行にうつした。有名なレバノン山の杉材をチグリスの河口まで運送させ、大船を建造し、有能なフェニキアの船員を使って遠征の船隊を出した。派遣した回数は、三回にわたったという。ひとつはペルシア湾のバーレン島（Bahrain）附近まで達し、真珠の産することを突きとめただけであった。他の二回は、どれもオルムス海峡のあたりまで進んだだけで、ペルシア湾の入口からインド洋の外洋に出ることはできなかった。

それでも大王は、あきらめることができない。こんどはエジプトから紅海をくだって、アラビアの南部海岸へ行こうと計画した。多分またレバノンの杉材で大船を造り、紅海湾頭のアカバあたりから、フェニキア人を使って船出したのだろう。しかしこの船隊も、紅海入口のバブ・エル・マンデブ（Bab el Mandeb）まで到達しただけであった。

計画は完全に失敗であった。大王は重ねて考えなおし、種々に計画を立てたという。船が駄目なら、陸路、無人の砂漠でもなんでもむりやりに、どんな犠牲をはらってもと、世界帝国の独裁者らしい野心を実行にうつす寸前であった。かれは三二歳の若さで熱病にたおれた。南アラビアのサバの征服計画は、かれの死とともに消滅したのである。バビロンで、世界の王、諸王の王として君臨した、たった一年間のことであった。

（注）　アラビア南部の古代周航について、前五世紀のヘロドトスは、ダレイオス一世の事績のひとつとして伝えている。
「カリウアンダ生まれのスキュラックスに命じ、かれを船長としてパクテウエス領であるカスパテウロスから、東および日の出の方向へ河をくだって海までゆかせ、海上を西へ航海して三〇ヶ月めに、エジプト王がリビア周航に派遣したフェニキア人の船出した地点へ、かれは到着した。この巡航を終えたのち、ダレイオス王はインドを征服するとともに、その辺の海を利用した。」

インドの西北辺境のガンダラ地方から、インダス河の河口までくだり、ペルシアの沿岸にそうて西へ向い、アラビアの南部海岸を周航して紅海に入り、その奥のエジプトまで到達したのではなかろうかと、想像させる点がないでもない。しかしヘロドトスの記事はあまりに漠然としていて伝説的なようで、同じくかれが伝えているフェニキア人のリビア周航（一説にはアフリカ大陸一周の航海であろうとさえ伝えられている）とともに、事実としては受け入れがたいように私は考えたい。

植物学の元祖・テオフラストスの乳香と没薬

前五世紀のヘロドトスは、人間の棲息地としてもっとも南のはしにあるアラビアから、乳香と没薬が出ることを知っていた。前四世紀の後半になって、アレクサンダー大王がインドから退却したときの海上部隊長であったネアルコスも、同じような報告をしている。そして大王の東方遠征に従軍した人たちから話を聞いて、インドの胡椒や木綿などについて始めて記述した人に、植物学の元祖といわれるテオフラストス（前三七二（六九）―二八八（八五）年）がある。

かれは『植物誌』に、乳香と没薬に関する種々の記述という章をおいて、前代の漠然とした話から、より具体的な正確に近い諸報告を残している。これは当時のギリシア人が知っていた、乳香と没薬に関する見聞と知識の集成である。と同時に前三二三年に、アレクサンダー大王がアラビア南部遠征の計画に失敗しても、かれの時世に前後して、ギリシア人のある者は、ステップ・バイ・ステップ（step by step）で、遠く原産地方まで到達していたように推定させるものがある。それではテオフラストスに聞いて見よう。

乳香、没薬、メッカ・バルサム（Mecca balsam.）その他類似の植物のゴム（すなわちゴム・レジン）は、樹木に切り傷をつけるか、あるいは自然に分泌（排出）して生じる。私たちは、これらの樹木の性状、ゴムの特色、採集その他について語らねばならない。それはまた、他の芳香植物にも関係するが、これらのほとんどは南方と東方から来るものである。

乳香、没薬、カッシア、シンナモンは、アラビア半島の（南部）のサバ、ハドラミーイタ、キチバイナ、ママリに発見される。

乳香と没薬の樹《き》は、山岳地に生育し、また山麓の個人の土地にあるから、野生と栽培にわかれている。山岳は非常に高く、森林でおおわれて雪がふるから、そこから川が平原へ流れているという。乳香樹はあまり高い樹木ではなくて、五キュービット内外（一キュービット（cubit）は約一八ないし二二インチ）の高さである。枝が多く葉は梨（pear）に似て小さく、色はヘンルーダ（rue）のような草色で、樹皮は月桂樹（ベイ bay）のようになめらかだという。

没薬樹は、より小さくて低いが、よく繁茂している。幹は強靱で、地面に近いところはまがりくねり、人間の脚より頑丈で、アンドラチネ（andrachne）のようになめらかな樹皮である。……ある人はいう。乳香と没薬は、さして大きくないが、没薬の方が小さくて、下の方でよく繁っている。また乳香樹の葉は月桂樹のようで、樹皮はなめらかであるが、没薬樹はトゲだらけで、なめらかではない。そして葉は、エルムのようだともいう。……

ヘロエス湾（Heroon polis.）から出て沿岸を航海する人が、水を求めて上陸し、二つの樹木（乳香と没薬）とゴムの採取方法を見た報告は、次のとおりである。両樹とも幹と枝に切り傷をつけているが、幹には斧で切ったように深くつけ、枝は浅く切ってある。ゴム（レジン）は滴下するが、ときには樹木にこびりついている。あるところでは、パーム椰子の葉（palm-leaves）で編んだムシロを樹の下にしいてある。あるいは樹木の下の地面を平坦に、そして清浄にしただけのところもある。ムシロの上に落下した乳香は澄明で美しいが、地面の上で集めたものはそうではない。また樹木に附着しているものは、鉄の道具でこさぎ取るから、樹皮を混入し

アラビア乳香採取の古版図

ていることがある。この全地域はサバ人の所有に属し、かれらの支配下にある。かれらは他の人びとと取り引きするのに正直で、誰も見張りなどをしていないから、貪欲な航海者たちは、勝手に乳香と没薬を取って船に積みこみ立ち去ってしまう。

またいわく、乳香と没薬は、あらゆる地域から、サバ人が所有するもっとも神聖な太陽の神殿に集められる。そこには、武装したアラビア人が守護している。人びとは神殿にそれを持ってくると、ささげものである乳香と没薬を同じ形に積み重ね、守護にまかせて立ち去るが、かれらは数量と売却値段を記した札を、おのおのの堆積の上においてゆく。商人がやってくると、札を見て気に入った堆積を計量し、その場所にそれに相当する代価をおいて、香料を持ち去る。それから神官があらわれて、商人がおいていったものの三分の一を神に納め、残りはそのままにしておくが、もとの所有者がふたたびやってくるまで安全に残っている。

ある人はいわく、乳香樹はマスチック (mastich) に似て、その果実も同じであるが、葉は赤味をおびている。若い木から取った乳香は、純白であるが香気は弱い。しかし数年たった木のゴムは、やや黄味をおびているが、香気は強い。没薬樹はテレビンの木 (terebinth) に似ているが、肌はざらざらしていてトゲが多い。葉は円形に近く、噛んで見ると味はテレビンに似ている。没薬の樹も数年たったもののゴムは香気が強い。

両樹とも、同じ地域に生育しているという。土壌は粘土質でかたまっていて、水の流れはまれであるという。この話は、この地域に雪と雨がふって、河川があるという報告とは反対である。

他の人はいわく、樹木はテレビンに似て、乳香と没薬は同一の樹木から取れるという。これは乳香を持ってくるアラビア人が、アンチゴヌス (Antigonus) へその丸太を持ってきたとき、テレビンの丸太と異なっていないからであった。しかしこれは、まったく誤りである。……ヘロエス (Heroes) の町から現地へ出かけたことのある人の話の方が、信用がおける。……

乳香はアラビアに多いが、附近の島々から優良品を出し、アラビア人の支配下にある。樹上で希望する形にゴムをかためるというが、大小の傷口はどうにでもつけられるから、これは信用がおけない。あるゴムのかたまりは、手いっぱいの大きさのものもあり、三分の一ポンド以上の重さである。……没薬は液状（油）と膠着した塊状の二つである。良品は味で見わけることができるが、同一の色を呈していることで品等を分類している。

以上は現在のわれわれが知っている乳香と没薬のすべてである。

ギリシアの古典作家として、アラビアのサバの名と、乳香と没薬について具体的に諸説を記述したのは、テオフラストスが最初の人であった。前四世紀の後半から前三世紀にかけて、乳香と没薬に対しオリエントと泰西諸国の需要が、前よりもいちじるしく増加してきたためであろう。またアレクサンダー大王の東方遠征の結果、遠くアジアの各地へ進出するギリシア商人が増加してきた。そして乳香と没薬が、アラビアの南部から、陸路ステップ・バイ・ステップでメソポタミアとエジプトへ転送されるとともに、ギリシア人のある者は、紅海湾頭のヘロエス湾などから紅海を下ってバブ・エル・マンデブの海峡地帯へ、あるいはそこから外洋のアラビア西南部の海岸まで、沿岸づたいに航海して香料を手に入れていたようである。こうして直接に現地まで出けかけたことのある人、あるいは現地からやってきたアラビア人などによって、かれテオフラストスは、それらの人びとの話を集録したのであろう。かれの記述に相当の混雑や誤解があるのは、もちろんである。しかし乳香と没薬の樹容、ゴム・レジンの採取方法と品質や種類などについては、一世紀のプリニウスの記事とくらべて見ても、正確に近いものを多くふくんでいる。

さて、テオフラストスは、乳香と没薬の産地を、サバ、ハドラミータ、キチバイナ、ママリの四つとし、この全地域はサバ人の支配下にあったように記している。また南部のこの地方以外に、附近の島々から産するが、同じようにアラビア人の支配するところだという。アラビア西南部のエーメンから東のハドラマウト地方にかけて、古く代表的な四つの種族がいたことを、前三世紀のエラトステネス（前約二七五—一九四年）は伝えている。

一、紅海にそってミナ人。カルナがその都市である。

二、次はサバ人で、マリアバ（マーリブ）が中心。

三、カタバニア人の領域は、アラビア湾を横ぎる海峡と水路（バブ・エル・マンデブ）まで広がっており、その主都はタムナである。

四、もっとも東にいるのがカトラモチタエで、その主都はサバタ（サワ）である。

そうすると、南部のエーメンからハドラマウトにかけて、北方にサバ（前二世紀からはヒムヤル）、海峡（バブ・エル・マンデブ）に面したところにカタバンすなわちカタバニア人の国があり、それから東のハドラマウトにかけて、ハドラマウト（カトラモチタエ）の国があったことになる。だからテオフラストスのサバ、キチバイナ、ハドラミーイタは、おのおのそれにあたる。ママリはサバ人の国の主都マリアバ（マーリブ）にあたるのかどうか、私にはよくわからない。たとえいくらか漠然としたものがあっても、前五世紀のヘロドトスとは雲泥の差がある。

かれはサバ人は正直で見張りなどをしていないから、他国の航海者たちが香料をこっそり持ち去るという。サバ人が正直であったかどうかは、一世紀代のストラボンやプリニウスなどの記事から見てうたがわしいが、現地では見張りなどをする必要はなかっただろう。ギリシア本土などとくらべて、はるかに生活の程度のおくれていた地方であったから。

なおかれは、乳香と没薬がとくにサバ人の国に多く出る。あるいはその産地は、サバ人の支配下にあると考えている。しかし正確にはサバ人の国から、より南と東のカタバニアとハドラマウトの国であった。この点は一世紀になっても、なお誤ってギリシア人やローマ人などに伝えられている。サバ人が古代から乳香と没薬の取り引きに支配力を持っていたから、香料はサバ人の国に産するもの、あるいはサバ人の国が、より南と東のカタバニアとハドラマウトまで支配していたなどと解釈したのであったろう。

終りにかれは、サバ人の神聖視している太陽の神殿で、沈黙取り引き (Silent trade) と見られる原始的な取り引き方法を記述している。これは、いつごろのことかはっきりわからないが、かれより以前の素朴な時代に行なわれていたことをのべたのではなかろうか。かれのころ、すでに乳香樹が栽培されているなどと、注目に値いすることをかれは報告している。そうすると、もう原始的な沈黙取り引きの時代を経過して、相対的な売買取り引きの段階となっていたように考えられる。そしてかれの太陽の神殿における取り引きには、おのおのの乳香の堆積の上に数量と値段を記した札をおいておくなどと、原始的な沈黙取り引き以上のものが見られる。だから、かつての古い沈黙取り引きの方法が、神殿のひとつの行事として、かれのころ行なわれていたのではあるまいか。

幸福なアラビア

前一世紀のディオドロスは、かれの『世界史』に「幸福なアラビア（Eudaemon Arabia, Arabia Felix.)」について記している。

> 水もなく広漠とした砂漠に接して、天然の物産に恵まれすぎる「幸福なアラビア」という地方がある。佳香を放つ草木が非常に豊富で、あらゆる種類の香料を産している。神々の祭祀になくてはならない、そして人間の住んでいるかぎりの全世界に供給される乳香と没薬は、この地方のもっとも遠いところから出る。コストス(costos)、カッシア、シンナモンその他の香料は、原野に生育している。ほかの国々では、もっとも貴重なものとして祭壇に供えているのに、ここではあまり多すぎるから燃料にしているという。

この記事は前三〜二世紀のポセイドニオスによっているようだが、夢のような天国として描写されている。さらにかれは、前二世紀のアガタルキデス（前一四六年ごろ死す）によって、幸福なアラビアの中心はサバ人の国であるという。

> アラビア人のなかで、もっとも有名なのはサバ人の国である。かれらは、幸福なアラビアとして知られている土地に住んでいる。この国は、われわれのところでもっとも高価な物品や、あらゆる種類の鳥獣と家畜を出し、それは言語に絶している。
> そして天然の馨香《けいこう》（遠くまで達するよい匂い）が全国土にしみこんでいる。というのは香気のすぐれたあら

ゆる植物が、一年を通じて繁茂しているからである。たとえば海岸には、バルサム、カッシアその他の香草(herb)がある。……内陸全体は深い森林でおおわれ、乳香と没薬を生じる有名な樹木、ヤシ、アシ、シンナモンの木など、佳香に富むすべての植物がある。

こうなるとサバ人の国は、理想的な天国で、『バイブル』の創世記が伝えている「エデンの花園」である。そしてかれは、サバ人の富について語っている。

サバ人は富裕であり、その富を浪費することでは、近隣のアラビア人ばかりか、そのほかのすべての国の人びとを凌駕《りょうが》している。というのは、交換に受け取る銀のために、商売をするすべての人びとのなかで、かれらはその品物を交換し販売するにあたり、最小の目方の物を出して、最高の値段を獲得するからである。したがってかれらは、その隔離された位置の故に、長いあいだ戦争による損害をこうむらず、また多量の金銀がこの地方、とくに王宮のあるサバエーに豊富にあるため、盃は金銀であらゆる描写を浮きぼりにし、寝台や三脚台には銀の脚をつけ、そのほかのすべての家具も、信じがたいほど高価なものばかりである。

批判はあとにしてとにかく聞いておこう。ところでディオドロスは、この地帯の海岸には極めて繁栄している島々がある。あらゆる地方からそこへ航海者たちが集まってくるが、とくにアレクサンダー大王が、インダス河の流域に建設したポタナから来るといっている。これは一世紀の『インド洋(エリュトゥラー海)案内記』に記されている、東アフリカ東端のガルダフイ岬の沖にあるソコトラ島の話と符合するものがある。案内記はこういう。

いわゆるディオスクーリデースの島で、……島の少数の住民は、陸地に面する北側の一方のみに住んでおり、かれらは外来者で、商業のため航海してきたアラビア人やインド人、さらにギリシア人の混合である。

前二〜一世紀のころ、幸福なアラビアを目ざしてインド人・ギリシア人・アラビア人などが、その近くの島々、とくにソコトラ島などに渡ってきた。ここでアラビアの香料と、インド・ペルシア・エジプト・東アフリカなどの物資の交換が行われた。そしてここに往来した外国人の間に生れた子孫が、一世紀のソコトラ島の住民の一部であったという。この島にインドから渡来する者の多かったことは、ソコトラという島名が、サンスクリットのディパ・スカーダーラ（幸福な島）というインド人の命名から転じていることからでもよくわかるだろう。そして東方からくるインド人にとっても、「幸福な祝福された地方」であった。

こうしてアラビア半島の西南部は、その特産物である香料を中心に、前二世紀にはインド・オリエント・ギリシアなどの商人が、交易に集まる地点として、時代の光をあびていた。そしてこの地帯の取り引きに主導権をにぎっていたのがサバ人とかれの国であった。一世紀のプリニウスは、こういっている。

> サバ人の国は、乳香を産する恵まれた森林と金鉱、灌漑された農耕地とを所有して、蜜と蠟を出す。かれらの大部分は、商人か盗賊で、かれらが世界じゅうでもっとも富んだ民族であるのは、かれらの国土および海上からの物産を売却して、ローマやペルシアの富をやすやすとかれらの手中におさめているからである。

かれはまた、もっともすくなく見つもっても、インドとシナとアラビアは、毎年一億セーステルティウス(注)をわがローマ帝国から奪い去っているという。そしてその半額がインド（とシナ）であったというから、一世紀のローマの東方貿易の半分に近いものが、アラビアと紅海の入口地帯に投じられていた。

（注） 千セーステルティウスを八ポンド一〇シル金貨とすれば、八五万ポンドである。一世紀の当時としては巨大な金額であったろう。

紀元前後の地理学者ストラボンは、かれの『地理書』に、前一世紀はじめのアルテミドロスによって、サバ人の国をこう記している。

きわめて豊饒な国で、はなはだ偉大な民族である。乳香・没薬・シンナモンを産し、海岸にはバルサムと匂いの高い薬草を出す。……一スパン（span 約九インチ）ほどの、暗赤色の蛇が多く、兎のようによく飛ぶ。かみつかれると、なかなかなおらない。果物が多いため、住民は怠惰で生活はのんびりしている。……たがいに隣りあって住んでいる種族（住民）は、香料を次から次へ転送してシリアとメソポタミアまで運んでいる。そして甘い乳香の匂いでねむ気をもよおすと、アスファルトや山羊のアゴヒゲを炷《た》いてねむ気《け》をさましている。

サバ人の主都であるマリアバは、樹木の繁茂した山の上にあって、法制その他の一切を支配する王がおる。……王とかれの周囲の人びとは柔弱で、贅沢な生活である。しかしサバ人の多くは農業か、この地方とエチオピア産の香料の取り引きに従事している。エチオピアへは、皮の小舟に乗りバブ・エル・マンデブを横断して行く。かれらは香料に恵まれすぎているから、シンナモンやカッシアその他を杖や燃料にさえするそうである。……これらの商売でサバ人とゲリア人（Gerraei）は、もっとも富んだ民族である。

歴史によるとサバ王朝は、前九五〇年から前六五〇年にかけての前期と、前六五〇年から前一一五年までの後期にわかれるという。とくに後期は、サバ王国を中心にしてアラビア西南部の隆昌時代であった。

話は一転するが、前三〇年にエジプトの女王クレオパトラは、ローマの鉄のような将軍オクタヴィアヌス（前六三―後一四年。前二七年にローマに帝政をしいて元首となる）に自殺させられ、ローマがエジプトを支配してから、帝政ローマの鋭峰は紅海の入口地帯までせまってきた。目的とするところは、アラビア南部と東アフリカ海岸、そしてインドとの物資の交易の支配にあった。

そのひとつの手段として、かつてのサバ人の国の征服が考えられた。しかし紅海に面するアラビア海岸の隊商路の進軍は、当時の先進国の軍隊にとって容易なことではなかった。前二五～四年にエジプトの知事アエリウス・ガルスにひきいられたアラビア遠征軍は、大規模の準備をととのえ、南アラビアの香料地帯を友としてローマのために用い、あるいは敵として征服せんがため、紅海にそうアラビア海岸の悪路を南に進んだ。途中ナバタイ族の一部の裏切り行為にだまされ、あるいは悪路にまよい、悪疫になやまされた。それでもやっと南部のマリアバを包囲したが、水の欠乏に苦しめられて占領することができず、香料を産する地帯から二日行程のところまで達していながら、目的をはたさないでやむなく引きかえしたという。

このように、香料の国、幸福なアラビアの征服は、アレクサンダー大王の昔はいうまでもなく、前一世紀末のころになっても実現できなかった。

プリニウスの乳香と没薬

アラビアの乳香と没薬の説明は、一世紀のローマの博物学者プリニウスの『博物志』につきるといってよろしい。それは圧巻である。また引用がつづくが読んでもらいたい。

乳香と没薬はアラビアの主要な産物で、幸福なアラビアと称されている理由はここにある。没薬は穴居人《けっきょじん》の国（トログロデイタエ。紅海に面するアフリカの海岸地帯）にも産するが、乳香はアラビア以外には、どこにも産しない。しかも、全アラビアに産するというわけでもない。アラビア南部のほとんど中央部に、サバオイ族の一派であるアストウラミタイが住み、その王国の主都はサボタで、高い山の上にある。乳香の産地はそこから八日行程はなれているが、サバエイに属しサリバと呼ばれている。この地域は東北に面し、周囲は岩にかこまれて近づきがたく、右手の海岸は岩礁のため航海ができない。土壌はすこし赤みがかった乳白色であると報ぜられる。森林は長さ二〇ショエニ（前三世紀のエラトステネスの計算によれば、一ショエヌスは五マイル）、幅はその半分である。……アストウラミタイに接してミナエイという別の一族がおり、乳香はかれらを通じてひとつのせまい道から運び出される。かれらが最初に乳香の取り引きを始め、現在も主としてこれに当っているので、乳香はかれらにちなんでミナエアムとも呼ばれている。アラビア人のうち、他の人びとは乳香の樹木を見たことがなく、また上述の人びともすべてではなく、その中の三、〇〇〇（一書には三〇〇とも）以下の家族だけが、世襲財産としてこの取り引きの権利を保留し、それ故にこれらの家族は神聖なものとされているよしである。……ある人たちの報道によれば、森林中の乳香は、すべてかれらに共通とのことであるが、他の人びとは、乳香は順番にかれらの間に分配されるという。

乳香を売出す機会のすくないころには、年に一度の採集であったが、今では商利のために、もう一度の収穫をみちびいた。最初の自然の採集は、犬星（カュス）ののぼるころ、焼けるようなあつさの夏におこなわれる。樹皮がもっとも多汁で、かつ緊張のためうすくなっているところに切りこむ。切り口は打撃でひろげられるが、切り取られはしない。脂ぎった泡が切り口から湧き出て凝固し、土地の必要に応じて、ヤシの葉のムシロの上や、あるいは樹木の周囲の打ちかためた地面の上に受け取られる。このような方法で集めた乳香は清純であるが、次の方法によるものは、これより重い。すなわち樹木に附着している滓《かす》は、鉄の器具で削り取られるが、そのために樹皮を混じている。

森林は一定の所有にわかれているが、所有者相互の誠実によって侵害のおそれはない。誰も切りこみをつけた樹木の番をする者はないが、となりの人の物を盗む人は誰もいない。しかしながら一方、ヘルクレス（Hercules. 北天の星座）にかけて！　売り出すため乳香を加工するアレクサンドリアの製造所では、いかに勤勉に見はりをしても不十分だ。労働者のエプロンには印が押され、頭にはマスクか細目の網《あみ》がかけられねばならず、またかれらは構内を出るときは、衣類をすべてぬがねばならない。生産者たちの森林とくらべれば、乳香の製造について、こうもはなはだしい不誠実が見られるのである。……

集められた乳香は、ラクダでサボタに運ばれるが、そのためにひとつの門が開いている。王はそれを積んだラクダが、この道からそれることに対して極刑を定めている。そこではサビスという神のために、神官たちが重量によってではなく、分量で十分の一を取る。そのことがすむ前には、乳香の売買は許されない。この十分の一税は、公《おおやけ》の費用の支出にあてられる。というのは、実際に神が恵み深く一定数の日のあいだ、客人を歓待するからである。さて乳香は、ゲバニタイの国を通じてでなければ運び出されない。かくてその王に税が支払われる。かれらの主都であるトムナは、われわれの地中海に面するガザの町から、二、四二七、五〇〇歩

（約一、四九〇マイル）はなれており、その距離は六五日のラクダの日程にわかれている。また一定の乳香は、神官たちや王の書記官たちにも与えられるが、これらのほかに番人や護衛兵や門番や役人なども、役得《やくとく》をもらうのである。また全道程を通じて、ある所では水のために、ある所ではマグサや駅亭や、さまざまの関税のために支払いをするので、ラクダ一頭に対する支出は、地中海の海岸にとどくまでに、六八八デーナーリウスに達するが、さらにまたわが帝国の徴税請負人に支払いがなされる。（注）

その結果、最良の乳香の価格は、一ポンドについて六デーナーリウスの値段となり、二等品は五デーナーリウス、三等品は三デーナーリウスである。……

（注）ローマのデーナーリウス金銀貨である。帝政初期から一世紀後半ころまでの金貨は、四〇分の一ローマ・ポンド、すなわち八グラム余、純分九六パーセント以上であった。銀貨はその約半分の重みで、純分は九八パーセント以上の良貨であった。

プリニウスの説明は、綿々としてあたかも一巻の絵巻物をくりひろげているようである。さきのテオフラストス以上に正確に語り、とくに原産地から地中海の海岸に到達するところまでの記述は、クライマックスそのものである。これ以上につけ加えるものはないから、つづいてかれの没薬の説明にうつろう。

ある人は、没薬の樹は乳香と同じ森林に生育しているというが、多くの人びとは別々に生えているという。そして私が品種のところで明白にするように、アラビアの多くの地方から出る。高く評価されているものは島から輸入されるが、サバ人はそれを調達するため海を横切って穴居人の国まで行く。栽培品もあるが、野生品より優良だと見なされている。

没薬を生ずる樹木もまた一年に二度、乳香と同じ季節に切り傷をつけるが、その場合、枝から根もとまでの間にほどこされる。というのは、そのようにしても樹木は十分にもちこたえることができるからである。しかし刻み目をつける前に、樹木は樹液を自然に分泌しているのがある。これはスタクテといって、没薬中でももっとも値の高い優良品である。次は栽培種と、夏季に刻み目を入れた野生品中のすぐれた品種である。没薬の樹はアラビア以外にも生育しているから、神に十分の一税を支払わないが、栽培者は生産の四分の一をゲバニタイの王に支払わねばならない。その残りが各地域の人びとからもたらされ、皮の袋につめこまれる。そしてわれわれの香料商人は、香気と密度で多くの種類を苦もなく識別する。……

値段は買手の需要に応じて変動している。スタクテは一ポンドについて、三ないし五〇デーナーリウスである。栽培品の最高は一一デーナーリウス、アラビア人の手を経由してくるエリュトゥラー（インド洋、ただしアラビア近海）品は一六、穴居人の国の粒は一六の二分の一、賦香没薬と称するものは一二、各デーナーリウスである。

没薬はマスチックの樹脂やガムで、また苦味をそえるためにキューカンバー（cucumber）の汁を用いたり、あるいは蜜陀僧《みつだそう》（一酸化塩）を入れたりして、まぜものをしている。不純物は味で見わけ、ガムは歯にねばりつく具合で検することができる。しかしインドのある地方の、いばらの多い森林の中に生じるインド産の偽没薬（bdelium）でまぜものをしたときは、見わけがむつかしい。……

以上、ここではプリニウスの記述だけを見ておいて、次のところでかれの説明を参考にしよう。

『インド洋（エリュトゥラー海）案内記』の現実

アラビア半島の南部海岸は、西端のバブ・エル・マンデブ（Bab el Mandeb）から東端のラス・エル・ハッド（Ras el Had）まで、約一、二〇〇マイルある。その中間にあるファルタク岬（Ras Fartak. Syagros Pr.）をもって、南部海岸の気象風土条件は東と西のふたつにはっきりわかれている。西半部の海岸は、海に接して砂岸の絶壁をなす台地でつながり、インド洋のモンスーンは東アフリカの突き出た陸地でさえぎられ、この海岸に影響をおよぼすことがすくないから、焼けつくような太陽の下で乾燥高温である。この海岸台地の内側に、海岸線と併行して東流する約二〇〇マイルほどのハドラマウト・ワジ（Wadi Hadhramaut）の内陸渓谷地帯は、やや肥沃で灌漑農耕の可能なところである。アラビアとしては特に珍しい地帯であるから、その特産物である香料のために、極めて肥沃な地方であると大げさに誇張されすぎている。しかし、われわれ日本人が考えるような灌漑肥沃な地方では決してない。不毛なアラビアの砂漠とくらべての話である。この地帯の東辺に、いわゆる乳香地帯とよばれるものがある。一世紀の『インド洋案内記』は、こう記している。

アデンの次には長いなぎさと、二、〇〇〇スタディオン（注）あるいはそれ以上にわたって湾がうちつづき……その突出した岬の後に、別の臨海の取り引き地のカネーがあり、エレアゾス王国に属して、乳香産地に位いしている。……ここの上手の奥地には、主都のサッバタがあり、そこには王が住んでいる。この地方でできる乳香は、すべてラクダや、この地方特有の革袋《かわぶくろ》で作った筏《いかだ》や舟で、いわば、その集散地であるこの地に運びこまれる。

(注) スタディオンは、ギリシア人の距離の単位である。ローマ人の一マイルが四、八五四フィートと一定していたのに反し、スタディオンは長短さまざまのものがあった。『案内記』のは、ローマのマイルを基準にして、フェニキア起源で、プトレマイオス一世によりエジプトで採用された、七分の一マイルではなかったろうかと考えられている。しかし『案内記』の距離数の記事は、正確な測定によるものではなく、航海の所要時間にもとづく推定であったように思われる。

アデンから東に進んで、カネーから北北西で、五日行程のところにあるハドラマウト渓谷西方の、プリニウスのアストウラミタイの主都サボタ (Sabbotha) をあげている。そしてサバオイ族が、皮の袋で作った筏や舟で乳香をカネーへ運んでくるという。乳香地帯は、このあたりから始まっている。『案内記』はさらに語っている。

カネーの後には、陸地がさらに後退し、別の長距離にわたって、極めて深く入りこんだ、いわゆるサカリーテス湾と乳香地方がつづく。この地方は山地で近づきがたく、空気は重くるしくて霧っぽく、樹木から乳香を産する。乳香を産する樹木は、さして大きくも高くもないが、ちょうどわれわれの土地のエジプトで、ある種の樹がゴムを流し出すように、樹皮に凝固した乳香を産する。乳香は、王のドレイや刑罰のために送られてきた者たちの手であつかわれる。この辺はおそろしく不健康で、沿岸を航海する人たちには疫病を起し、そこで働く者には、たえず死をもたらす。もっとも、かれらがたおれやすいのは、食物の欠乏ということもあずかっておるのであるが。

カネーより東のラス・アル・カルブから、ファルタク岬をへて、メルバット (Murbat) あるいはラス・ヌス（Ras Nus）におよぶ一帯の、クリア・ムリア（Kuria Muria）湾に接するあたりまでを、『案内記』はサカリーテス湾と称し、この奥地のハドラマウト渓谷地方を乳香地帯としている。

極めて不健康な土地であるという。アラビア人たちが、乳香取り引きの独占支配を計って、他国人の来航を防害するため流布《るふ》した、そして誇張した話のように解されないこともない。しかし、この地方が外来者はもとより、現地の住民にとっても、酷熱のため相当以上にマラリアや赤痢などにかかる恐れのある、有名な不健康地であるのは事実である。乳香の採集に従事する者は、王のドレイや受刑者であるという。かれらは食料の供給が悪かったので、死ぬ者が多かった。これが当時の現実であったろう。この地帯に実際に足をふみ入れたことないギリシア・ローマの古典作家たちは、あたかも天国の楽園であるかのように描写している。乳香という特有な産物から、甘美な匂いのただよう、あるいはしみこんだ、地球上ただひとつの恵まれた土地、あるいは国だと考えたのだろう。しかし事実はそうではない。雲泥の差どころではない。乳香樹は、この地方を支配していた王の独占物であり、採集は費用のまったくかからない人間にあたらせ、酷使したのであった。さすがに『案内記』は、一世紀のインド洋を航海した人たちの、実際の見聞をありのまま正直に記している。

以上のように見てゆくと、エーメン南部の山岳地帯からハドラマウト渓谷の東におよぶところまでが、乳香の産出地域であった。だから正確にはサバ人の国（前二世紀からはヒムヤル）は、その北方に隣接していた。そうであるのに、前四・三世紀のテオフラストス以来、ディオドロス、ストラボンなど、そしてこれらに引用されている人びともみな、紀元前後になっても、乳香はサバの物産であるかのように説明している。と同時に、原産地はパラダイスに近いように、われわれを眩惑させてくれる。かつてのサバ人の豪奢な生活と、生産地がごっちゃになって解釈され記述されたからだろう。それから「幸福なアラビア」という言葉であるが、元来はインド・東アフリカ・エジプトなどの物資が西南アラビアの香料とともに交換され、極めて利益に富むところであるから、そのようにいわれたのであろう。そして、この交易の利益のもっとも多くを得たのは、サバ人とかれらの国であったろう。そのようなことが、かれらの国をあたかも天国であるかのように、泰西の古典作家たちに思わせたのだろう。

乳香を産するハドラマウトの渓谷地帯に、古代文明が栄えていたことは、この地方の考古学的探険が進むにつれて、段々にあきらかになってきている。しかしまだはっきりしないことの方が多い。では、どうして原産地がサバ人の名の下に、ギリシア・ローマの古典作家たちに長くかくされていたのだろう。一世紀のプリニウスがいうように、乳香がハドラマウトの原産地から、紅海の沿岸にそって北上する隊商路をたどり、エジプトやシリア方面まで転送されるとき、サバ人の占拠していたエーメンの山岳地帯の渓谷路が、まず最初のそして唯一の関門となっていたからだろう。このように地理的に絶好の条件を占めていたことと、かつてのサバ人の国の政治力が、アラビア南部の諸民族のあいだに優越していたから、乳香を中心とする香料の取り引きは、かれらの掌握するところとなっていたのだろう。ディオドロス、ストラボン、プリニウスなどが資料とした古典作家や地理学者たちは、昔のサバ人の名声に引きつけられ、ハドラマウト原産地の国とサバ人の国を同一のものとしてしまったようである。

それからいまひとつは、ストラボンやプリニウスがいうように、サバ人の多くは商人で、香料の売買に従事していたことである。このことが、アラビアの香料とサバ人の名を、切っても切ってもはなれないものにしてしまった。原産地のハドラマウトの住民とかれらの国は、サバ人のおかげで、天から恵まれた乳香から生じる利益の一部を、やすやすといながらにして得ていたのだろう。かれら自身、積極的に外部にむかって香料の取り引きに従事することは、ほとんどなかったのだろう。

それからサバの商人は、乳香その他の香料を、いかにも自分たちの国だけの産物であるかのように宣伝したにちがいない。そして香料原産地の実体を、あとあとまでひたかくしにかくしたのは、想像にかたくない。このようにして、たとえ誤っていたとしても、南アラビアの香料、とくに香料はサバ人の国の産物であると、オリエント・ギリシア・ローマの人びとに知られていたのであった。

（附記）アラビア南部海岸の中間にあるファルタク岬から東の地帯は、この岬がちょうど東アフリカのガルダフィ岬の西北に位いするから、インド洋のモンスーンは、東アフリカの海岸にさえぎられないで、直接この地帯に影響を与えている。こうして海岸に併行する山岳地との間に、細長い熱帯耕作地域を形成している。ことにクリア・ムリア湾にそそぐワジ・レコット（W. Raikhut）からラス・エル・ハッド（Ras el Had）近くまでの海岸平野は、恵まれた地域である。そのため、カマル（Qamar）湾とクリア・ムリア湾に面しているドーファル（Dofar）とゼナブ地方の山岳までのあいだが、有名な乳香の産地であった。『案内記』はこう記している。

ファルタク岬の後に、すぐつづいて陸地に深く入りこんだオマナ（カマル）湾がある。……その次には、高くて岩の切り立った山々がある。（カマル湾東部沿岸のゼベル・カマル Jabal Qamar）その次には、サカリーテスの乳香の積込みに指定された碇泊地があり、モスカ（Moscha）とよばれる港である。ここには、カネーから通常二、三隻の船が送られ、リミュリーケ（インドの西南部）やバリュガザ（インドの西北部）から沿岸を航海する船は、おそい季節になると、ここで冬をさけて、王の役人から綿布や麦や油のかわりに乳香を船荷に受け取ってゆく。ここの乳香は、サカリーテス一帯にうず高く横たわっており、ここを見守っている神々の力のおかげで番人がいない。というのは、こっそりにせよ、公然にもせよ、王の許可なしには、船に積みこむことはできず、誰かその一粒を持ち去ったとしても、船は動かなくなるからである。

この記事で注目されるのは、この地方の王が、乳香その他の物資の取り引きに絶対的な支配権を持っていたことである。このことはハドラマウト地方でも同じであったろう。

南アラビアのサバのゆくえ

紀元前後のストラボンは、前三世紀のエラトステネスと、前二世紀末のアルテミドルスによって、東アフリカのソマリーランドを、香料地帯（aromatifera regio）と命名し、没薬・乳香・カッシア・偽カッシア（pseudo cassia）などの産出地域にわけ、その位置を示している。カッシア（肉桂）の産出については、疑問があるから除外しよう。この地帯は、古代のエジプト人に知られていた乳香と没薬の有名な産地であった。前十五世紀にハットセプスト女王が前代未聞の海上遠征隊を出して、香料・金銀・財宝などを求めたプントの国は、この地方の一部であったらしい。そして、神の国、香料の国と称されていたのであった。アラビア西南部の香料地帯より早く、古代のエジプト人に知られていたのだろう。その後アラビアのサバという名で、アラビア南部の香料の方が有名になったと思われる。しかし一世紀のプリニウスは、没薬は穴居人の国に多く産するといっている。これは紅海の西海岸（アフリカ）を指すとともに、その奥地をあわせていたようである。没薬はアラビア南部より、むしろ東アフリカ一帯の方が多かったのは、サバ人などが皮の小舟に乗ってそれを取りに、紅海の入口の海峡を渡っていたことなどで明白である。こうして東アフリカのソマリーランド一帯は、アラビアの南部海岸とならんで、有名な香料の産地であった。

紀元前後になると、ローマの帝政の成立と平和の回復によって、ローマ市民の奢侈《しゃし》生活は一段と高まってきた。その結果、東方の物資に対するローマ市民の需要は飛躍的に増加して、アラビアの香料と東アフリカの象牙、インドの胡椒と宝石・真珠・シナの絹などが代表的な輸入品となり、その対価としてローマの金銀貨幣が大量に輸出された。そして紀元前後にインド洋のモンスーンを利用する大洋横断の航路が発見され、その利用が増大すると、紅海の入口地方、とくにソマリーランド地帯は、ローマ・ギリシア・エジプト・南アラビア・東アフリカ・ペルシア・インド（中央アジア・マレイ諸島・シナ）など世界各地の、物資の集散交易地として盛況をていしてきた。この地方は、乳香と没薬の産出地である以上に、東西両世界の商品の交易中心地帯となったのである。

インド洋のモンスーンが発見される以前、インドから直接エジプトまで行く者もなく、エジプトから紅海の入口地帯までしか出かけていなかった時代には、アデンを中心とする一帯が東西の交易地点であった。そして幸福なアラビアと称されていたのであったと、一世紀の『インド洋案内記』は語っている。しかしエジプトからインドへ直航し、インドからもエジプトまで来るようになると、アデン一帯はかつての中継地点としての重要性を失い、東アフリカのソマリーランドが、それに取ってかわったのであった。

さて一世紀の『インド洋案内記』が伝えている、アラビアとソマリーランドの乳香と没薬の積出地は、次の表のとおりである。

この記事はきわめて正確で、産出地に近い港が積み出し地となっている。しかしアラビアの乳香が、

地帯	積出地	品名
紅海の西海岸	アウアリテス	どこよりもすぐれた没薬
ソマリーランド	マラオ	没薬とアラビア産の乳香
〃	ムーンドゥー	右に同じ
〃	モスェルロン	アラビアの乳香、小量の没薬
〃	アロマタ	アラビアの乳香
アラビア南部	ムーザ	優秀な滴乳没薬
〃	カネー	この地の特産物である乳香
〃	モスカ	乳香

対岸のソマリーランドから積み出されていることは、国際上の交易中心地帯の変化を如実に示している。これらの港、とくにソマリーランドの各港を中心に、西方アレクサンドリアへ紅海を経由して転送されるとともに、ペルシア湾のオマナ地方へここから乳香が送られ、メソポタミア方面への経路が明らかにされている。またインダス河口のバルバリコンの輸入品中に、乳香と蘇合香があげられているから、当時すでにインドへ輸出されていたのであった。

プリニウスは没薬の説明の終りに、インド産のデブルラ（偽没薬）が西方へ積み出されているという。『案内記』もバルチスタンのゲドロシア地方は、これだけしか産しないとし、バルバリコンの西方向け輸出品のひとつにあげている。またバリユガザの港の奥地にある、重要な集散都市であったオゼーネーの市場で、取り引きする主要商品にこれをあげ、バリユガザから輸出するものとしている。インド産の偽没薬が、盛んに西方へ向けて輸出されていたのであった。これは後代と同じように、南アラビアとソマリーランドの乳香がインドへ輸出され、インドで偽没薬を混じて加工され、ふたたび西方へ輸出されていたことを暗示している。それとともに、アレクサンドリアなどで、乳香と没薬の加工すなわち増量のための原料として、インドの偽没薬がさかんに需要されたのである。こうして乳香と没薬を中心とする芳香ゴム・レジンは、一世紀のころインド洋をはさんでたがいに交流するとともに、商品上ではすこぶる複雑なまぎらわしいものとなっていた。

以上のように、古代から紅海の入口に近いハドラマウト渓谷地帯は、乳香と没薬にめぐまれていた。ことに乳香は、サバ人の支配するところであった。没薬は対岸の東アフリカに産しても、サバ人は海峡を渡って手に入れていた。古代の先進文化民族が熱望した香料の、原産地帯における取り引きを支配していたといっても過言ではない。香料の国サバ、あるいはサバの香料という言葉は、このようにしてソロモン王の古代から、誰いうともなく伝えられていたのであった。そしてあるときは、天国の楽園であるかのように見られていた。

かれらの国は、東方インド・南方東アフリカ・西北方オリエント・西方はエジプト・ギリシア・ローマに通じ、ストラボンやプリニウスが記したように、世界の富をやすやすと吸収していたのであった。しかしかれらは、たんに乳香と没薬という香料を中心とする、高価な貴重品の供給者であるにすぎなかった。特殊な天然産物の独占に近い支配と、仲継取り引きによる莫大な利益の獲得に安んじていた。かれらの商業性は、それ以上のなにものでもなかった。

紀元前後にローマのインド洋貿易が急速に発展し、その手足をつとめたギリシア商人が、直接に南アラビア・東アフリカ・インドの物資を求めて、紅海の入口から外洋に出てインド洋を横断するようになると、東アフリカのソマリーランドが、かれらの足場となってくる。古くは紅海の入口あたりまでしか渡航しなかったインド人も、ソマリーランドを仲継地として、一世紀にはアレクサンドリアまで進出するようになって、サバ人の仲継利益はいちじるしく減少してゆく。海上運送は、陸路よりはるかに安く大量に、そして早く運送できる。一世紀のインド洋のモンスーンの発見と利用は、それまで主として困難な隊商路と小規模の沿岸航海にたよっていたサバ人の地位を、不利なものにした。サバ人の支配的な地位は乳香がかれらの国を通じ、陸路アラビア海岸の困難な道を北上して運送されることによるものが多かった。

一世紀にはアレクサンドリアで、ギリシア人による乳香の製造加工場があった。また乳香はインドに輸入され、そこで加工されてふたたび西方へ輸出される状態であった。紀元前のギリシア人やローマ人の東方進出がいちじるしくなかった時代、かれらの海上航海がまだ進歩していなかったとき、あるいはかれらの香料加工技術の見るべきものがなかったころは、アラビア人の利益は大きく、サバ人の取りあつかう乳香は、世界に冠たるものの雄であった。しかし状勢は大きく変化した。かれらの世界的な、かつての足場は失われた。たんに乳香と没薬の原産地における供給者のひとつであるにすぎなくなかった。それにヨーロッパ世界の香料使用の主体が、乳香を中心としたインセンスから、コスメチックスとスパイスとにうつってゆく。乳香と没薬だけにつながっていた、南アラビアの行方が見られる。そしてアラビアのサバの名と国も、やがて過去の追憶のひとつとなってゆく。

第三部　幽玄の香

沈香の匂い——幽玄を求めて

現在の私たちが使っている香料、すなわち私たちが日常の生活で楽しんでいる匂いは、ヨーロッパ系統の香料で、どちらかというと華美で艶麗な花の香《か》にあふれるようなものを中心としている。それも天然自然の花の匂いは、ほんのちょっぴりで、ほとんどは、化学的に作られた合成香料のどぎつい匂いに馴《な》らされているというのがあたっている。このような現代の香料を知る以前の、私たちの祖先が親しんだ匂いは、どんなものであったろうか。

中国を中心とした東アジアの香料のなかに、私たち日本人の昔の匂いの生活があった。それは沈香《じんこう》という香木を焚《た》いて、その匂いを楽しむことであった。だから「香《こう》（料）は沈《じん》（香）である」とか、「沈（香）は香（料）である」とさえいわれたほどである。始めの「香談」で説明したように、昔の東アジアでは香木を焚いてその煙の匂いを楽しみ、これが香料すなわち匂いであるとせまく解釈し、スパイス（香辛料）やコスメチック（化粧料）の複雑微妙な匂いと味と刺激のあるものを、香料のなかに入れていない。このようなせまい考え方が現代に通用しないことはすでに説いたが、ここでは一応、昔の東アジアの香料すなわち匂いを、昔の人の解釈のとおりに受けいれておいてもらいたい。

昔の東アジアの香料の中心であった沈香木は、「海南島、ベトナム、タイ、マレイ半島、スマトラ、ビルマ、インドのブラマプトラ河上流のアッサム」など熱帯の山間僻地に生育する、アキラリア属その他数種の常緑喬木に生じるものである。原樹の幹や枝そのものには、なんの匂いもないが、樹木が外傷その他のことである種の刺激を加えられると、その部分だけに樹脂分の沈澱が起り、樹脂分が材質のなかに緻密にしみこんでこりかたまって、この小部分だけが沈香木という香木になる。そして香木となった小部分は、樹脂分が材質のなかにきわめて緻密に凝集しているから、いつまでも腐朽しないでそのまま残っているが、樹脂分のこり固まっていない大部分は、早く腐ってなくなってしまう。

熱帯のジャングルのなかで、原樹が自然に倒れ土中に埋没して、樹木の大部分は腐朽してなくなり、樹脂分のこりかたまった小部分だけが残っていることがある。また沈香木が生じるだろうと思われる原樹を切り倒し、土中に埋めておいて、数年たって腐朽したもののなかから、香木になった部分だけを探し出す。それから原樹と思われる老木の幹の部分を少しずつけずり取ってゆき、その心の部分に樹脂分のかたまっているものを探し出す。あるいは原樹の幹や枝に刀で深く切りこみ、塩などをつめこんで刺激を与え、この部分に樹脂分の生成をうながす。……などなど、この香木を得る方法はいろいろあるが、どの原樹にも生じるというわけではない。古くから、香(すなわち沈香)のできるものは、百に一つもないとさえ言われている。そして長年の経験と直感によって採集するのだから、なかなか

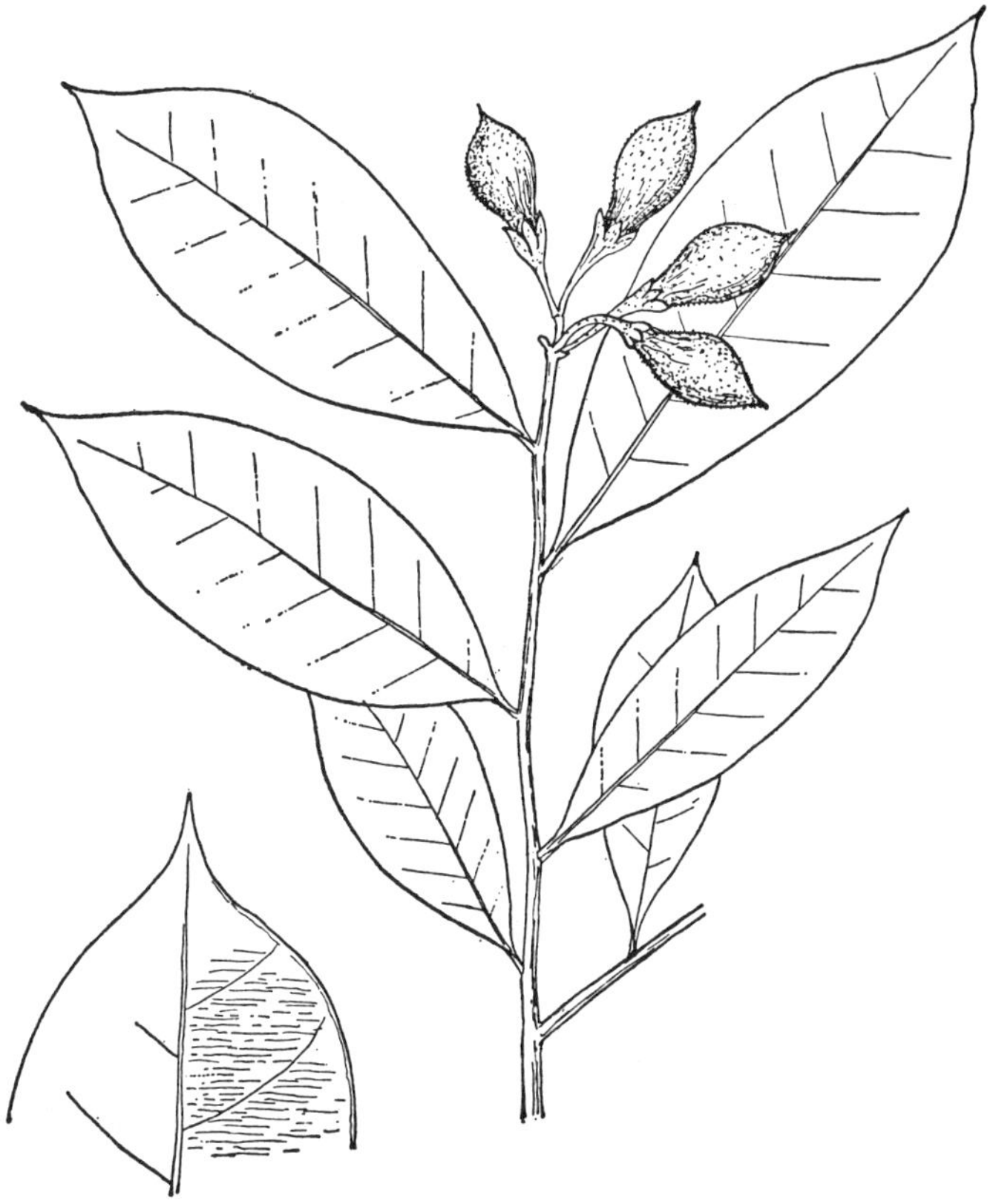

沈香樹の図

得がたい香木である。

問題はその匂いであるからだ。よく人は抹香臭い匂いであるという。これは、古くそして正しくは、沈香と白檀（サンタル、インド南部とチモール島産の香木）を粉末にして仏前で焚いたから、そういうのである。抹香は、ともすれば陰気くさい、うっとうしいような感じの匂いだと見なされがちである。というのは、普通に仏前で焚くときの抹香は、沈香や白檀以外のほかのまぜものの方が多くて、ほんとうに奥ゆかしくて上品な沈香や白檀の匂いは、ほとんど認められないからである。

昔の人は沈香の匂いを「奥ゆかしく上品で、どこにもわだかまりがなく、あっさりしている。そしてきわめて自然でありながら、すじ道にかなって、他の匂いとはくらべものにならないほどの気品がある。だから、この匂いの妙味はなんとも形容できない」という。また、人間の知恵である技巧などから生まれたものではないが、天地自然の道理の極致にかなった匂いであるとさえ言っている。これでは、わかったようでわからないところがあるようだ。

とにかく、おくゆかしくて上品である。清く澄みわたって遠くまでよく匂う。清淑清艶《せいしゆくせいえん》で、生き生きとした匂いであるから、上は天に通じ、下は幽冥にとどくという。はなはだもってわからない匂いだといわれるだろう。まことにそのとおりである。

蜜の甘さ、花の匂いの甘美さ、舌のとろけるような気分ではない。どちらかといえば、渋い、はなはだもって奥の深い、澄みきった静かな匂いであるが、それでいてつゝんと鼻の奥までつきさすような強いものがある。普通に鼻のしびれるような匂いであるというのは、よくあたっている。だから、この匂いはあまりかぐと頭をくらくらさせるようで、どこかに紅袖《こうしゆう》の熱意をはらんでいるとさえいわれる。

私は、この沈香の匂いを、幽玄の香と言いたい。幽玄という言葉は「奥深く微妙で、容易に探り知ることができないこと。言外に深い余情のあること。その表現を通じて見られる気分と情調的内容。」などと辞書に説明してある。一般には、どちらかというと、暗い感じのするものの方に取られやすい。しかし、それは単純な暗さではない。

私がある年の秋の明るく澄みわたった日に、京都の桂離宮を見たときのことである。どの部屋であったのか記憶していないが、小さいタタミじきの部屋の小窓から、ふと外の庭を眺めたとき、私の目に映じた小景は、フランスの画家ルノアールによって描かれた、鮮麗な原色の対比による、はつらつとした色彩の感覚そのものであった。樹木と芝生と落葉が描き出す多彩な色調のハーモニーのなかに、明るくあざやかな色彩感があふれていた。明治時代の代表的な日本画家である菱田春草《ひしだしゅんそう》の「落葉」に表現された、艶麗多彩なもののなかに秘められている静寂の美しさであった。普通にいわれるところの「さび」や「わび」ではなくて、「あでやか」そのものである。多くの人びとは、あの離宮は「わび」と「さび」の結晶であって、「幽玄」の極致だというだろう。しかし私は、その極致のなかに「あでやかな」、そしていまもなお脈々として生きつづけている「なまめかしさ」を直感する。生命の躍動を感じる。だからこそ、現在の私たちに今日もなお訴えるものがあるのだろう。

幽玄なナマではない。ナマメクである。ストレート(straight. 生《なま》のまま)ではない。抑制のきいたエロチシズム（eroticism 色情的傾向）である。普通の人びとのエロは、多く生のままであるが、それではなくて、抑えられ洗練されたものである。「能」の女の面の色気、これこそ幽玄の基本的なもののひとつであろう。それは一面、きわめてシビアーである。しかし生のものでは決してない。

能の女の面をよく見てもらいたい。そこに見られる幽玄は感覚的なもので、シンボリックなものではないが、その感覚は人間の知恵によって作られたナマであって、静的に近い。谷崎潤一郎氏に「陰影礼讃」という一文があるが、あんどんの灯のゆれうごくところから出てくる、あの感じである。

たきぎ能の燃える火に、面のかすかな影がゆらいでくる。そして一見、単調なような能面のどこからともなく、生き生きとした「なまめかしさ」が感じられる。女の面の「くちびる」からか、それともナマの自然の顔でないところから生まれてくるものか。そこには素朴・むき出し・衝動的などというものは、なにもない。消化変形して、透写の心的過程を経た美だけである。

人間の世界を、人工的なものに置きかえて美しさだけを残す。もしこれが幽玄の極致であるとすれば、それは一種のユートピアであるかもしれない。しかしそれは、われわれ生きた人間の求めるものでなければならない。人間の本性を失ってしまったものでは駄目である。

日本の女性のキモノの長じゅばんの魅力は、紅袖の意を感じさせ、ほのめかすところにある。それは動物的なナマのセックスの延長線からはずれた、別のところにある。幽玄に通じると言えば、あまりにナマメクであろうか。

このように幽玄を解釈して、私は沈香木の清澄で優雅な匂いのなかに、厳として奥ふかくひそんでいるなまめかしさ、すなわち紅袖の熱意を感じ取りたい。しかしそれは、動物的なナマのままの本能的なものではない。もちろん作った、たとえば化学的な匂いでもない。天地自然の妙理によって、多くの原樹のなかから極めてまれに、まだよくわかっていないが、なにかの原因によって生成された樹脂分の凝集によって生まれた香木である。「お香」といってありがたがられてきた。きわめてまれである。きわめて大切な香である。というだけではない。人間の本性をつらぬくなにものかが厳としてあるから、そういうのである。

こう言ってしまえば、いかにもえらそうにきこえるが、昔の文句に「沈香も焚かず、屁もひらず」という警句がある。美徳もなければ悪行もなく、役にも立たないが害をなさず、特に善いところもなければ悪いところもない。平々凡々であるという。そうすると、沈香を焚くことは、平々凡々以上のものとなって、その匂いもそうであろう。リアルなものからはなれて、別の次元で再編成させられている。自然に訣別する。反自然的な匂いであろう。リアリズムではもちろんなく、象徴的でもない。もう

沈香屋

ひとつのカテゴリーである。そしてその高い次元のなかで人間性を見失ってはいない。

せんだん（白檀）とさらし首をかけた木

私はある年の夏、友人から白檀《びゃくだん》の扇をもらった。なまめかしいほど幽艶な匂いが、私の鼻にせまってくる。私たち明治生まれの者、とくに薬学に関係のある人びとは、白檀の匂いをかぐと淋病を思い出してこまるという。実はこうである。スルファミン剤が出現するまで、淋病の唯一の特効薬は白檀油であった（だいたい明治年代まで）。当時はイギリスの支配下にあったインド南部のマイソール州が、白檀油の世界的な産地であった。イギリスにとっては、淋病さまさまであったのである。

職業柄からだろう。ある人びとは性病の匂いだというが、どうしてどうして、なまめかしさのうちにうっとりさせるような、そのくせなかなかねばっこいようで上品な匂いである。南ヨーロッパ系の人たちには、とくに好まれる匂いである。十六世紀のアメリカ新大陸の発見によって、中南米の梅毒が煙草とともに、イベリア半島のスペイン・ポルトガル両国の人びとによって、またたくまに世界的に広められた。梅毒は、わが国にもすぐ伝播して南蛮瘡と言われた。こんなためでもあるまいが、とにかく南ヨーロッパの人びとは、白檀の匂いがお好きである。

私は九州の長崎県の生まれであるが、初夏の六月ごろ淡紫色の小さな花が多数むらがっている（正確には複聚繖花穂である）センダンの木を思い出す。あまり見ばえのしない落葉喬木であるが、小枝のさきに羽状の小さい複葉が青々と互生繁茂して、うすむらさき色の花のかたまりがその間にあるのを、螢の飛びまわるおぼろ月夜のころ、その下でながめていると、優雅をとおりこして、なまめかしささえ感じる。

これは古名を楝《おうち》という木で、九州には特に多いが、中国・四国・関西から中部地方まで見られる。いつごろから「せんだんの木」というようになったのか、私にはよくわからない。オウチという木は、平安朝代の文学作品によく出てくる。秋に葉がおちると、黄ばんだ丸くてやや細長い小さい果実が群をなして、淋しく枝の先に残っている。果実は衣類を洗うのに用いると、古書は伝えている。今日の洗剤である。またヒビやアカギレの薬であるという。平安朝を代表する色はムラサキであったから、オウチの花のウスムラサキ色に、気を引かれたのではあるまいかと思って見たい。清少納言女史は「木のさまぞ、にくくはあれど、おふちの花いとおかし」と賞めているからである。しかし果実を洗剤あるいは薬用にあてていたこともあった。今はもう有用な樹木ではないが、かつては観賞用として花の色をこの上もなく愛した時があったのだろうか。

さてこのセンダンという字は、漢字で栴檀と書く。昔の時代の、インド（天竺）と中国（唐）そして日本とつながるアジア世界で、沈香木とともにならび称された香料の名である。たとえば、沈檀《じんだん》（沈香と栴檀の略）と言えば、匂いすなわち香料の代名詞であった。ところがこのセンダンという音は、インド南部のマイソール州に多いサンタル（白檀）樹の古い音を、そのまま伝えたものである。ではインドを中心にサンタルという語を、東西にわたってあげて見よう。

サンスクリット chandana. インド各地の土語 chandan, chandal, sandal. ペルシア ćandal. アラビア ṣandal.
ラテン santalum. イタリア・スペイン sandalo. フランス santal.
ビルマ sanda-ku. チベット tsandan. マレイ chandan. ジャバ chandana. タイ chantana. 中国、栴檀 (chant'an.)

だから日本のセンダンは、直接には中国の字と音を写したのであったが、インドのサンスクリットにまでつながる由緒の深いものである。そしてサンスクリットのチャンダナは、身も心もさわやかにし、活力を与えるものという意味で、vital energies である。インド人にとって、生命の原泉であるとさえ認められていたのであった。

サンタルの木を焚いて妙香に耽溺、材を粉末にして塗ったり、あるいは材片を油に入れてサンタルの匂いをつけた香油などを、広く化粧料として愛用した。仏さんの像がつやつやと黒びかりしているのは、香の煙などでくすぶっただけではない。香油を、それもサンタルや沈香などで匂いをつけた黒色の油を、全身にぬりこめるインドの風習をシンボライズしたのであった。高温のインドでは、香油などをぬって体温の発散をはからないと、とてもたえられない。身体から発する悪臭を消すのは、もちろんのことである。サンタルの香油は、エチケットの点からも、人びとの生活になくてはならないものであった。それから生命のエネルギーとしては、薬剤としてサンタルの粉末を塗布し、あるいは服用する。化粧料としてのサンタルは、同時に薬用である。いやむしろ薬用としての方が、重く見られていた。サンタルの香気分である精油 (essential oil) は、重厚で香気を長く保ち、熱気をよく吸収するから、その性質はつめたく、殺菌力が強いから薬品として絶大である。

仏教の教典をひもといて見よう。サンタルの記事がいたるところにある。サンタルを焚けば、その妙香は薫じて小千界、三千大世界（広大無辺な一切の世界）の珍宝も、これにまさるものはない。失心した人に、サンタルの粉末をねって心臓の上にぬると、たちどころに正気に復するという。身体に塗ると、すべての熱と悩み、すなわち一切の病気をのぞくことができると信じられていた。服用すれば、その効果はなおさらのことである。

人間だけではない。傷ついた蛇までが、サンタルの木に巻きついて傷をなおす話がある。中国の仏教学者、慧苑《フィユアン》は記している。

ウロジアは西域（中央アジアの東西トルキスタン）の蛇の名である。この蛇はよく熱病にかかるが、サンタルの木に巻きつくと熱はすぐさがるという。この蛇の毒ははげしいから、人間がこの蛇にかまれると必ず死ぬ。しかし人間がサンタルを塗っておれば、この蛇の毒を消すことができる。

インドの山中に多い蛇の毒をさける妙薬であるとともに、蛇でさえ自身の病気をなおす妙木であることをよく知っていたのである。

このようにインド人の生活と切っても切ってもはなれないサンタルは、仏教の伝播とともに中国人に知られ親しまれるようになった。インドネシアのジャバ島の東方にあるチモール島は、かつてヨーロッパ人にサンダルウッド・アイランド（Sandalwood Island）と称され、満山サンタル樹であったという。それが中国人のセンダン熱によって、とうとうはだかの島になってしまったというから、中国人の愛好熱のたかかったことがよく想像される。サンタルの幽艶な匂いのなかには、なにか人間くさい、人なつこいような気分がある。これが中国人の愛好のまととなったのだろう。そしてサンタル材の白色に近いものほど優秀な匂いであることから、白栴檀《パイチャンタン》、これを略して白檀という中国独自の名称が生まれた。だからセンダン（チャンタン）は白檀である。そして白檀香木あるいは栴檀香木ともいっていたが、これを略して檀香ともいっている。中国で檀《タン》というのは、もともと善木（立派な有用木）の意味であるが、香料のなかで「檀」というときは、サンタルに限っている。

中国の唐時代の仏教文化を受け入れた、奈良と平安朝時代のわが宮廷貴族や僧侶にとって、センダンはたしかにかれらの文化的シンボルの一つであった。センダンという香料薬品の名称が、文化人の口に筆に多く残されたのは当然であろう。しかし、その名が、どうしていつごろ、楝の木の別名になったのだろうか。オウチの花のウスムラサキ色の幽艶な姿と、センダンの匂いの幽艶さから、そのように連想したのだろうか。それとも植物学上の種類は異なっているが、樹木の葉の姿などは、ちょっと見たところ似ているように眺められるから、そのように考えたのだろうか。とにかく疑問としておこう。

私はインドの旅行で、親しくサンタル樹の主産地であるマイソール州をたずね、そして各地をあるいて、インド人の親しんでいる香木は、沈香よりむしろサンタルであるのに気がついた。サンタルの匂いの根底には、たしかに人間臭い幽艶なナマメカシサがある。そして単に香木というよりも、インド人の生活になくてはならない薬剤であった。かれらの生活と密着した香薬で、きわめて人間的な親しさのある匂いである。中国できわめて現実的な艶麗華美を愛好した唐の時代に歓迎されたのは、故なしとはしない。幽玄明澄で清遠清淑な沈香木の匂いを愛賞した中国人にとって、チャンタンはあまりにも現実的な人間臭い匂いであったろう。中国人の器用調度品に、サンタルの材が広く使用されている。中国人の現実的な性格とよくマッチするからだろう。そして日本の平安朝の宮廷人たちに喜ばれた。かれら貴族たちは、今日の私たちが想像する以上に、現実的な人間臭い生活を追求していたようである。このように見てゆくことによって、天竺（インド）から唐《から》（中国）そして日本へとつながるセンダンの存在価値があったのだろう。

ここまで書いてきて、楝の木と同じ名で、恐ろしい木のあることに話をうつそう。源氏と平家が闘争をくり返したころ（十一世紀の後半から十二世紀にかけて）、獄門で首をさらすとき、首をオウチの木にかけたとある。たとえば源頼義が奥羽の乱をたいらげて阿倍貞任と重任の首を京都でさらした時。そして平治の乱でやぶれた源義朝の首が京都で。それから二十数年後には、平宗盛父子の首がまたである。

これらの場合のオウチは樗と書いてあって、牢屋の門の左に植えてある木だという。樗は大材で用途のない悪木である。和名をゴンズイという落葉喬木で、役に立たない意味を表わした名であった。そしてこの木に樗という漢字をあてたのは、誤用であったという。

そうすると

オウチ ⟶ 楝 ⟶ センダン
オウチ ⟶ 樗 ⟶ ゴンズイ

となるから、センダンすなわち楝の木とは、別の木であったということになる。助かった。優雅、幽艶でウスムラサキ色の花をつける日本のセンダンの木が、獄門のさらし首をかける木になるのではたまらない。

ところが安心するのはまだ早い。わが国の独創的な博物学者であった貝原益軒は、『大和《やまと》本草』（一七〇九年）に、楝のことをこう説明している。

楝　和名をアフチという、近俗《ちかごろぞくに》センダンという、栴檀《チャンタン》にはあらず、その子《み》を苦楝子《くれんじ》という、金鈴子《きんれいし》ともいう、薬に用ゆ、中華にて川《セン》の国より出るを良とす、川楝子という、時《じ》珍《ちん》いう、楝は長ずること甚だ速かなり、三五年すなわち椽《てん》となすべしという、その葉は倭《わ》法《ほう》に用いて虫積《ちゅうせき》（腹中に虫を生じる）、霍乱《かくらん》（炎暑の頃の急激な吐瀉病）の薬とす、中華の方書にはいまだこの方を見ず、ただ疝気《せんき》（大小腸、腰部などの痛み）、陰嚢《いんのう》（ふぐり）に入れて痛むに用いることを時珍いえり、日本古来、罪人を梟首《きょうしゅ》（打首にした首を木にかけてさらすこと）するにこの木を用ゆ、故に佗材《たざい》（住居の材）に用いず、罪人の首を楝の木にかけしこと、源平盛衰記等にも見えたり、

そして樗については次のとおり。

樗（カラスノサンセウ）　この木、世に知る人まれなり、葉はヌルデに似て長大なり、臭し、その樹《き》節《ふし》多くゆがみまがりて材とならず、故に古書に悪木という也、小きとき刺《はり》多し、長大なれば刺無し、この木、日本に元来これあり、京都にあり、又九州にもありという、近年から（唐）より来れるは香椿によく似たり、同類なり、花あり、実あり、烏このんでその実をはむ、日本人、樗と椿とをしらずして、先年朝鮮人来りしとき、二木いずれの木ぞと問いしに、朝鮮人もしらずして、あやまり偽って、佗（た）の木を樗なりと答えしという、樗をアフチと訓ずるは誤なり、アフチは楝（センダン）なり。

こうはっきり説明されると、オウチすなわちセンダン（楝）の木に首をかけてさらしたのだろう。幽艶どころの話ではない。凄惨そのものである。天国から地獄へである。日本のエッセイスト清少納言女史が泣くどころではない。

そこで重ねて、いま一人の日本の本草学の大成者であった小野蘭山《らんざん》（一七二九―一八一〇年）の『本草《ほんぞう》綱目啓蒙《こうもくけいもう》』を見よう。

楝　アフチ（古名）　クモミグサ（古歌）センダンノキ

春月新葉を生ず、形《かたち》ナンテンの葉のごとくにして鋸歯《のこぎりば》光沢あり、初夏枝梢ごとに長穂をなし多く枝をわかちて花を開く、五瓣にして銭の大きさのごとし、淡紫色、木に雌雄あり、雌なるものは後実を結ぶ、形ち円にして微（やや）長し、大きさ四・五分、初め緑色、秋にいたり熟し黄色にして下垂す、……

そして樗については、

樗　ゴンズイ　キツネノチャブクロ　スズメノチャブクロ　ウメボシノキ……（その他、各地の土名）……（一名）悪木（名物法言）……

と記し、樹木の形状をあげているが、ここでは省略する。蘭山は、楝がむかしさらし首をかけた木であるとは説明していない。かれのセンダンの木である楝の形状の説明は真にせまっている。といって、蘭山の説明では、益軒の説をひっくりかえすような資料を得ることができない。

益軒先生のように、ああはっきり言い切ってしまわれると、私はわからなくなってしまったと本音《ほんね》を吐かざるを得ない。

せんだん（白檀）は吸血鬼である

せんだんは二葉よりかんばしく
梅花はつぼめるに香あり

西行

二月（如月《きさらぎ》）である。梅の花の匂いが馥郁としてただよう。今日の若い人びとは、梅の花の匂いなど、一顧の価値も無いというだろう。強い刺激を求めてやまない現代の人びとからすれば、あるいはそうかもしれない。

梅はもともと、日本の原植物ではない。八世紀の前後に中国から移植されて、梅・烏梅・字梅・干梅などの字をあてられ、平安朝時代に愛賞した春にさきがけて咲く花の代表である。その優雅な匂いに、そのころの人たちは強い愛着をよせていた。新しいものを好むムードであったろう。

私はいまここで、梅の花の匂いを語るつもりではない。梅の花の匂いとくらべられている、二葉（発芽したとき、最初に出る二枚の葉）からかんばしいというセンダン、すなわち（サンタル）白檀について記してみたいのである。

せんだんは二葉よりかうばしとこそみえたれ。すでに十二、三にならむずる者が、今は礼儀を存知《ぞんち》してこそふるまうべきに、か様の尾籠《びろう》（礼を失すること）を現《げん》じて（やってしまって）入道《にゅうどう》（平清盛）の悪名を立つ。不孝のいたり、汝独りにあり。（平家物語、殿下乗合《てんがのりあい》）

和名のセンダンは、インドのサンタル（中国と日本の白檀）であることは前に説明した。絶大至聖の妙香をはなつ香木である。二葉のときから佳香をぷんぷんさせるのは、当然であろうと考えた。では、なんで二葉からかんばしいと、とくに強調したのだろうか。もちろん平安朝の末、十二世紀後半の源氏と平家が闘争にあけくれ、物情騒然とした乱離の世相のなかで、梅の花の匂いと対比させたキャッチ・フレーズであり、流行語であったが。

今から二十数年前になくなった大谷光瑞《こうずい》師（一八七六―一九四八年）は、たしかに傑出した僧の一人であった。五十数年前かれは独力で三回にわたって、中央アジアのシルク・ロードの探険調査を実行した。大谷エクスペディション（expedition）の名は、日本よりむしろ欧米でよく知られている。かれは晩年に、台湾を如意宝珠（宝の島で、必要なあらゆるものを作る）の島にしようと、つとめたことがあった。もちろん昭和二〇年以前のことである。その一端と思われるが、台湾の南端にある恒春《ホンチュン》の植物園に、真正のサンタル樹を植えたことがあった。ところが、どうもよく生育しない。香気も感心しない。ぱっとしない。なぜだったろう。私はこの話を、台湾の林業研究の専門家の一人であった山田金治氏から、当時（昭和一六年ごろ）直接に聞いたのである。

ものの本を見ると、サンタル樹は半寄生植物とある。寄主植物（host plant）が無いと、香気のすぐれたサンタルは得られない。またよく成長しないという。実際にサンタルの根は無数にわかれて広がっているが、その多くはあまり役に立っていない。そのなかの、ほんの少数の根の先端に小さい吸盤があって、他の寄主植物《ホスト・プラント》の根に寄生している。そしてこれによってそだち、生長して、佳香を放つようになるというわけである。やさしく上品でなまめかしい匂いとはうって変って、ほんとうに恐ろしい木である。他の植物の養分を吸い取って、初めてよく育ち、よく匂いを放つという。吸血鬼・センダンでなくてなんであろう。

さてサンタルの生育に必要なホスト・プラントは、禾本科《かほん》とアオイ科の植物で、一〇〇種以上におよぶそうである。大谷光瑞師は、このホスト・プラントのことを失念していたから、成果をあげることができなかったのだろう。

私は英国人が南インドのマイソール州で、サンタル油の生産を独占し、サンタル油が世界の淋病の妙薬として覇権《はけん》をにぎっていた時代のあったことを、前に書いている。それでは、かれら英国人は、いつごろサンタルが一種の寄生植物であることを知ったのだろうか。またホスト・プラントがないと、よく生育しない事実をつきとめたのだろうか。

一八七一年のことであった。当時、カルカッタの植物園の園長であったスコットという人が、発見したと伝えられている。その発見の動機として報ぜられるところによると、同植物園内にサンタル樹に隣接して植えてあったヤドリフカノキの一種を伐採したら、サンタル樹はたちまち落葉し生長がおとろえたという。ところが、その後ヤドリフカノキの一種の根株から新たに芽が出るようになると、サンタルはふたたび勢力の回復を見た。

また一八七〇年ごろ創設されたコインバートル地方のサンタルのプランテーション(plantation. 農園)では、創業後一八八九年までは、サンタルの周囲にある雑草を剪定《せんてい》(かりこみ)するだけであった。そして一八八九年にサンタルのまわりの雑木をじゃまものあつかいにして、これらの根を掘りとって焼却したら、サンタルの生長は衰えてしまったという。

このような事実上の体験から、サンタルはその生育にあたって、ある種のホスト・プラントを必要とすることを、英国人は初めて知ったのであった。十九世紀後半のことである。ではこのホスト・プラントについて、はたしてある特種なものに限られるのか。またホスト・プラントの種類によって、サンタルに対する栄養素と香気分の発生の程度に、差異があるのかどうか、まだ定説はないようである。よくわかっていないのである。

ところがである。サンタルが周囲の雑木や雑草の養分を吸って育ち、妙香を出すようになることを、古代のインド人は、おぼろげながら知っていたようである。観仏三昧経《かんぶつさんまいきょう》に説いてある。

牛頭栴檀《ごずせんだん》(南天竺の牛頭山《ごづさん》(マラヤ山)に生ずるサンタル)は伊蘭《いらん》(サンスクリット erabna. 伝説上の喬木)の叢中に生ず。いまだ長大せずして地下にあるときは、芽茎枝葉《がけいしよう》、閻浮提《えんぶだい》(須弥山《しゅみさん》の南方にある州)の竹筍の如し。故に衆人知らず。この山中すべてイランにしてセンダン無く、イランの臭気は尸《し》(死体)を逢《お》うて薫ずること四十由旬《ゆじゅん》(古代インドの里程の単位。六町一里で、四〇里・三〇里あるいは一六里の称)という。その華《はな》は紅色にして愛楽すべしと雖も、もし食する者あらば発狂して死す。

牛頭栴檀すでに生ずと雖も、この林は成就《じょうじゅ》せず。故によく香を発せず。仲秋満月の節、地より出てセンダン樹となる。衆皆《みな》牛頭栴檀上妙《じょうみょう》の香を聞き、永くイラン悪臭の気なし。

十二世紀後半の平康頼の『宝物集』は、この一文を要領よく翻案している。

イランという樹《き》あり。その香《か》、臭くして一枝一葉を嗅《か》ぐに、なお酔臥《すいが》（酒によってねる）して死門《しもん》（死去）に入る。そのイラン四十里の間に生い茂らん中に、センダンという樹、その中に生い出《い》でて、未だ二葉におよばずして、葦《あし》の角《つの》ばかりならんが、匂いかんばしくして、イランの臭気を消し失う。

さらに『源平盛衰記』は、もっと端的に言っている。

センダンは二葉よりかんばしくして、四十里のイランの林をひるがえし、頻伽鳥《びんがちょう》（仏教で極めて美しい声を持つ鳥）は、卵の中にあれども、その声、諸鳥にすぐれたり。

イランという、極めて臭い、死臭に近く、食べると発狂して死ぬという、はなはだ物騒な木が広く生い茂っているなかから、サンタルは発芽する。仲秋・満月のころという時の限定はしばらくおくとしよう。どうもロマンチックすぎる表現であるから。とにかくこのように臭い草木のなかから発芽したサンタルは、まわりの臭い草木とは、似ても似つかない至聖至上の妙香を放ち、まわりの臭い草木の匂いはいつしか消されてしまうという。

古代のインド人は、サンタルが半寄生植物であることまでは、はっきり知っておらなかっただろう。しかし長年の体験から、このような臭い草木が周囲にないと、よく発芽も生育もしないし、匂いも出さないことを知っていたようである。臭い草木のなにものかを吸って育ち、それとはうって変った妙香を放つことを、おぼろげながら感知していたのだろう。

泥水のなかに可憐な蓮の花が開くと同じように、臭い臭い鼻もちならない草木とサンタルの妙香はコントラストが強い。そのような臭い匂いのなかから、あの優雅なサンタルの匂いが生まれる。そしてこの死臭に近い雑草や雑木が密生していないと、サンタルはよく生長しないし、妙香も生じない。

というわけだが、三昧経の一文を翻案した康頼は、まだ二葉にならないセンダンの芽がすでにかんばしいとまでしてしまった。そして、このような言い伝えから、せんだんは二葉よりかんばしい、という流行語を生んだ。

私はイランという植物がどんなものか知らない。異常なまでに臭いのか。たしかめる方法を持たない。サンタルのホスト・プラントには臭気のあるものが多いのかその道の専門家にたずねたい。しかしホスト・プラントがないと、どうもよく育たないのは事実らしい。吸血鬼とまではゆかなくとも、恐ろしい木である。まことにもって、あの優雅で幽艶な匂いとはうって変って。

楊貴妃と竜脳

日本の南部から台湾と中国南部の福建・広東にかけて生育する樟樹を、水蒸気蒸溜して得られる油が樟脳油、そしてこの油の脳分が樟脳である。樟脳の匂いは誰でも知っておられる。カンフルとはこれだといわれる。しかし樟脳と同じ匂いでありながら、もっと優雅で強力な匂いがある。竜脳香、略して竜脳というものである。

古い極上《ごくじょう》の唐墨《とうぼく》（中国のスミ）などをすると、なんともいえないほど上品な匂いがぷんと鼻をつく。日本の上等のスミにもある。あれは竜脳と麝香の匂いである。とにかく樟脳より、数等いや格段すぐれて上品な強い匂いだと思えばよろしい。現在は天然の竜脳は、とても手に入らない。ほとんど樟脳を精製して竜脳と銘《めい》をうってある。

樟脳は天然の竜脳の代用品として製造されたのであった。中国では十二・三世紀から、日本では十五・六世紀のことである。シナあるいはニホン（ジャパン）のカンフルとは樟脳である。本来のカンフルは天然の竜脳にほかならない。樟脳の一〇〇倍以上の値段であったと、十六・七世紀にインドや東アジアに渡来したヨーロッパ人は、口をそろえて報告している。東アジア・東南アジア・インド・西南アジア諸国の人びとにとって、古代・中世・近世を通じ、最高の貴重な香料薬品であった。

だから竜脳をめぐる秘話はすこぶる多い。それらのなかで、唐末九世紀の有名な博学者であった段《だん》成式《せいしき》の『酉陽雑俎《ゆうようざつそ》』（一、瑞《ずい》竜脳）の話は、わずか一六九字の短い文であるが、まことに圧巻である。これを敷衍《ふえん》した幸田露伴道人の名文がある。

竜脳の談の圧巻は、玄宗《げんそう》（在位七一三—七五五年）が、竜脳の余香《よこう》を嗅《か》いで泣いたことである。それは天宝《てんぽう》（七四二—七五五年）の末年であった。交阯《こうち》（北ベトナムのハノイ地方）から竜脳を献じた。実に美しい結晶で蟬蚕《せんさん》の形（かいこのようなかたちで、せみの羽のようにすきとおっている）をなしてゐた。

そのころ外国の珍稀珠宝の類を鑑定するものは波斯《ハシ》（ペルシア）人であったが、その波斯人の言ふには、これはよくよくの高寿の竜脳樹の節に出来るもので、容易にあるべきものでは無いとの事であった。で、禁中《きんちゅう》（宮中）では呼んで瑞《ずい》（めでたい）竜脳と為《な》した。天子もただ楊貴妃に十枚を賜はった。貴妃が安禄山や寿王に与へた竜脳はこの品だったかどうかわからぬが、なにせよ稀代の珍品で、香気は十余歩に徹したとあるから、驚くべきものであったのだろう。

その夏のある日のことであった。夏とはいへど微涼を生ずるような広い宮殿の中で、玄宗は親王と碁を囲んでおられた。親王は誰かといふと、この談を美しく記した段（成式）氏の文には見えぬが、他の書の独異志《どくいし》といふものには寧《ねい》王とある。寧王と貴妃との間には、かつてなにかあったのか。いや、知らぬ、置かう。賀懐智《がかいち》という当代第一の琵琶弾き、それは歴史に伝を留めておらぬが、雑書には種々の譚を伝へられてゐる優れた男である。その楽士が命をうけて、ただ一人しづかに琵琶を弾じてゐる。心の遊びに鳴りものはあまりかなひかぬるものであるが、そこは妙手であり、応境自在を得てゐる者であるから、碁の邪魔になるどころではなく、かへって心の動きに好い調節を傍から与へるほどの曲を新作しながらでも、しっとりと弾奏してゐたのであろう。貴妃は碁盤のかたわらに立ってゐた。帝と王とは余念もなくたがいに碁子を下しあってゐた。と見ると帝王の尊きをもってしても、盤上の争ひはままならぬものである。王の勢は伸びて、帝の石は屈し、負けたくないのが人情だから、万乗の君（天子）でもなんでも苦しんでいる。

楊貴妃といへば無類に美麗な人とのみ後の者は思ってゐるか知らぬが、どうしてどうして人形のやうな美しさのみをもってゐたんではない。なにもかにも優れた人で、自分の飼ってゐた白オウムにさへ、おはやうだの、お竹さんだのを言はせて喜んでゐるような平凡なのではない。唐の代になって出来た経の中でも粋な般若心経を読ませたぐらいの、いたった人である。牡丹を養《つく》っても、侍女の念奴《わんど》といふ怜悧なものに、一捻紅といふ新種を作り出させたほどの洒落た人である。入内《じゅだい》してからも、場合によっては帝と癡話《ちわ》喧嘩をして勝手に吾家へ帰ってしまって、さんざん天子にあやまらせてから戻って来るといふやうな手とり（技巧にすぐれている人）でもあった。齢だってもはや姥桜であるにかかはらず、肥って栄養佳良で、みづみづしく、若さのあふれかがやいてゐた人である。碁を打たせてもおそらくは人の好い天子などよりも一目や二目は強かったらうと猜《さい》せられる（うらまれる）のである。

その貴妃が盤面を見ると、敗勢歴然で、幾目かの不足は、今や露はれるになんなんとしており、帝は厭な顔をしてくるしんでゐる。すると貴妃はわざとらしくはなく猧子《わし》（ちんの一種）すなはちチンコロをおっぱなした。この猧子は（西トルキスタン）サマルカンド地方のもので平生驕養《きょうよう》（ぜいたくに）されてゐる小さな怜悧なやつだ。帝も王もオヤと思った時は、猧子はもう碁盤の上に馳け上って白をも黒をも滅茶苦茶にしてしまった。そのはづみに貴妃の領巾(ずきん)、我国でも松浦佐用姫《さよひめ》のころには用ゐてゐたその領巾《ひれ》がハラリと動いてそこへひと吹きの風が来たから、琵琶をひいてゐた賀懐智の頭巾の上にからむやうにとどまった。猧子の騒ぎで一時ざわつき、碁はそれきりに、高貴の人びとのおほまかな笑にすんでしまった。

ところで賀懐智は御暇を得て吾家へ帰ったが、満身の香気が非常であった。そこで、や、これはと思って、この様なことが二度とあるべきではないから、その幞頭《ぼくとう》（ずきん）をおろして鄭寧《ていねい》にしまっておいた。幞頭とは大分議釈《ぎしやく》（意味をよく考えて解釈すること）を要する唐の時の冠《かぶ》り物であるが、ひと口に言へば頭巾なのである。

玄宗は世が乱れて蜀《しよく》へ落ちた。貴妃はその途中の馬嵬《ばかい》で縊《くび》り殺された（七五六年のこと）。乱がおさまって、玄宗はふたたび京《みやこ》（長安）へかへって上皇（天皇、譲位後の尊称）となった。晴につけ雨につけ、思ひ出されるのは貴妃のことであった。賀懐智は、かやうかやうの事もござりましたと、前の事を御慰めまでに申上げた。すると上皇はその幞頭があるなら見せよと言われた。賀懐智は持参して御目にかけた。上皇は嚢を開いた。なんとも言えぬ香は立った。ああこれはかの瑞竜脳よと、上皇は今さらに涙になったのである。

竜脳も極品《ごくひん》になると、かくの如く永く保つものもあったのである。樟脳が漆を溶くどころではない。残香臢馥《ざんこうしようふく》（残っている匂いがぷんぷんただよって）なお天子の眼中より涙をしぼり出したのである。

（原文のままであるが、むつかしそうな字をいくらかあらためた。括弧内の説明とふり仮名は山田である。）

さすがに九世紀の段氏の文にまさるともおとらない、博学深遠でいたれりつくせりの名文である。これ以上に加えるものはなにもない。よく読んで、名文の味を味わってもらいたい。昭和四〇年に出た井上靖氏の『楊貴妃伝』は私も読んだが、このことは書いてない。そこで私は、井上靖氏はもちろんのこと、露伴道人も言及されていない話にうつろう。

唐代の小説である『安禄山事蹟』という本に、玄宗が楊貴妃姉妹に香嚢《こうのう》（匂いぶくろ）を与えたとある。香料、それもムスクやカンフルのような高貴なものを、小さい袋におさめて、身体に佩《お》びるものである。今日の香水や香油などを身体につけるのと同じはたらきをするもの。たぶん腰の帯などにつるしたのだろう。あるいは、ふところなどに大切にしまったのかもしれない。とにかくからだにつけて、妙香をぷんぷんさせたものである。唐代の高貴な女性の身だしなみのひとつであった。ただし玄宗皇帝みずから貴妃姉妹に与えたとあるからには、とびきり上等の匂い袋で、その中におさめてある香料も絶品であったにちがいない。

話だけではなくて、匂い袋の現品が見たくなる。幸いなことにこの現品が七つも、八世紀のわが国の正倉院の蔵品中に残っている。『正倉院御物図録』の説明には、こう書いてある。

蘇芳《すおう》（暗紅色の染料サパンで染めた色）羅《ら》（うすものの上等な絹の布）を四枚ぬい合わせて、福豆（節分などにまく豆）形につくり、背を雑色《ざっしょく》（さまざまな色）の組緒《くみお》（くみひも）で飾り、同色の口紐をつける。

このように日本にも伝播しているから、八世紀のころ、唐をはじめとして東アジア各地の貴族婦女子のあいだに愛用されていたものであった。

それはさておいて『新唐書』の皇妃伝によれば、安禄山の乱後、玄宗はひそかに使者を馬嵬波《ばかいは》にやって、仮埋葬されていた貴妃の遺体を長安に改葬させたとある。その時、貴妃に与えたかつての日の匂い袋が、かの女の遺体とともに残っていたので、玄宗はこれを見て涙を流してやまなかったという。あの時の日の匂い袋が、なお残香馥郁《ざんこうふくいく》としていたので、玄宗はありし日のことを思い出したのか。それとも匂いはもうなくなって袋だけであったが、それを身体におびていたありし日のかの女の姿を追想したのか。また玄宗からもらった匂い袋をくびり殺されるせつなまで、肌身をはなさないでいたかの女の心情に、深い思いをよせたか。たしかなことは、わかりようもない。それにしても、匂い袋の残り香《か》がかれを泣かせたのだとする方が、前の瑞竜脳の残り香の話とともに小説となる。そして、そのどちらであったかなどとせんさくするのは野暮であろう。と同時に、栄華と奢侈からあまりにも一転したすがたである。井上靖氏は、玄宗の一身を救うために、馬嵬でくびり殺されたという。その時にかの女が肌身はなさず持っていた匂い袋である。深刻な流転の姿のあまりなのにぞっとさせられる。

楊貴妃の一家は蜀《しょく》（四川《しせん》）の出身であったという。かの女は故郷を知らなかったそうである。しかし唐代の四川は西域（東トルキスタン、古代のシルク・ロード）とよくつながっていたというから、かの女の家系には西域系の外国人とくにイラン（ペルシア）系の血が入っていたのかもしれない。雑書によると、かの女は多汗性であったという。また汗は色ばんで匂いがしたとか、沐浴すると水までかの女の匂いがうつったなどと伝えられている。いささか以上に説話めいているようだが、多汗性で腋臭（わきが）の強い豊満な肉体の（露伴道人にいわせれば、ふとって栄養佳良でみずみずしい）女性であったようだ。どうも純粋の漢民族とはちがうようである。かの女は臭かった。そして上品なようでなまめかしい匂いにつつまれていたのだろう。

（附記）この小文の骨子は、『酉陽雑俎』の一文を親切ていねいに拡大した露伴道人の名文である。それで次に一六九字の『雑俎』の原文をそえておこう。老婆心まで。

天宝末、交趾貢竜脳、如蟬蠶形、波斯言、老竜脳樹節方有、禁中呼爲瑞竜脳、上唯賜貴妃十枚、香気徹十餘走、上夏日、嘗与親王碁、令賀懷智、独弾琵琶、貴妃立於局前觀之、上数枰子將輸、貴妃放康国猧子於座側。猧子乃上局、局子乱、上大悦、時風吹貴妃領巾、於賀懷智巾上、良久回身方落、賀懷智帰、覺満身香気非常、乃卸幞頭貯於錦嚢中、及上皇復宮闕、追思貴妃不已、懷智乃進所貯幞頭、具奏他日事、上皇発嚢、泣曰此瑞竜脳香也。

第四部　味覚の匂い

風味と薬味と香辛料

　顔の中央にある鼻をもって、私たちが感じ楽しむ匂いは千差万別で、言葉の上ではなんとか表現できるようだが、文字で匂いの種々のニュアンスや種類を記すのは、なかなかむつかしい。

　私たちに快感を与え、楽しさをましてくれるものであるが、単純にあまったるしい快適なものだけではない。日本では古く「クサイ、コガレクサイ、コウバシイ、ナマクサイ、クチクサイ」などと匂いを五つにわけ、ヨーロッパでは「花香、果実香、薬香、樹脂臭、焦臭、悪臭」の六つにわけたりしている。悪臭は人に好まれないようであるが、人によっては自動車の排気ガスのあの臭い匂いに、大都会の郷愁（ノスタルジア）のようなものを感じ、あのような匂いに好感をよせる人さえある。また焦げ臭いヤキイモの匂いは、人びとの食欲をそそったりする。といって、カウバシイ匂いや甘美な匂いだけが、私たちの楽しむ匂いではない。いよいよもって複雑怪奇なのが、私たちの楽しんでいる匂いである。

昔の中国人は「空にあらず、木にあらず、火にあらず。去って着くところなく、来るもよるところなし。」などと、匂いを表現している。色即是《しきそくぜ》空《くう》（この世の万物は形を持つが、その形は仮のもので、本質は空であり、不変のものではないという）以上に、わかったようでわからない、とらえがたいのが匂いというものだろうか。

単に鼻で感じて知る匂いだけならまだよろしい。口に入れて味とともに、すなわち食べもの飲みものの匂いとなると、味と匂いと刺激がいっしょになって、いよいよもって複雑怪奇以上のものとなり、なまやさしいことでは表現できない。そうであっても昔から私たちは味とともに匂いを感じている。飲食品の味は、色と匂いと刺激があってこそ私たちの飲食品として成立するのである。

さて味とともに感じる匂いで、私たちは風味《ふうみ》という言葉を持っている。上品なあじわいと国語辞典に記されているが、この場合、単なる味わいだけではなくて、匂いがそえてある。英語で flavour (flavor) という。The Shorter Oxford English Dictionary をあげて見る。

The element in the taste of a substance which depends on the cooperation of the sense of smell, a slight peculiarity of taste distinguishing a substance from others.

風味とフレーバー。この場合の匂いすなわち香料である風味料は、食物元来の味に匂いをそえるのだから、風味料自体には匂いだけしかなく、風味料自体はなんの味も持たないのが本義である。ある人は風味という字から、風は四季のうつり変りであって、四季おのおの淡い香りである、日本の料理によく用いる季節の香であるといっておられるが、字義からきたこじつけのような感じがないでもない。フルーツ・エッセンス（fruits essence）といって、レモン、オレンジ、ストローベリー、バナナ、パインアップルなどのエッセンス類が売られているが、これが本来のフレーバーである。味はない。単に匂いだけである。ここに風味料の本命がある。

私たち日本人はウドンやソバが好きである。どこへ行っても、津々浦々にウドン屋とソバ屋がある。そこにはかならず薬味《やくみ》が置いてあって、それをふりかけてウドンやソバを食べる。この薬味の代表的なものが七味《しちみ》唐辛子《とうがらし》である。七味とはなんだろう。唐辛子、山椒《さんしょう》、陳皮《ちんぴ》（蜜柑の皮を乾燥して粉末にしたもの）、大麻《たいま》の子《み》（麻の実の一種）、けしの実、しその実、胡麻の七種をまぜあわせたものであるが、唐辛子の単純な涙の出るようなはげしい辛さが特にはなはだしく鼻をつくから、七味唐辛子という。ウドンやソバにかけて食べる香料であるが、なんとなく薬臭い。七味の原料を見れば、それがわかるだろう。そしてこの薬味は、特有な薬臭と刺激と味をかねそなえている。単に食物にふりかけて食べる香料であっても、ある種の刺激である単純な強い辛さと、薬臭に近い匂いを軸として、いくらかの味を持っている。

ヨーロッパでいうハーブ（herb）である。香草とか薬草と訳されているが Plants that are useful either for medicine or for cookery. で薬品でもあり、飲食品の賦香料でもある。アンゼリカ、パセリ、ハッカ、マヨラム、ローズマリー、セージ、フェンネルなど、サラダ、ソース、シチュー、腸詰めなど、そしてリキュール、ベルモットなどの飲料に、匂いと味と刺激を加え、薬物的な効果をもって特異な風格をかもし出すものである。

また薬臭は神仙的な雰囲気をおびて、不老長寿とも見なされる。日本の正月の屠蘇《とそ》など、その好い例であろう。古代・中世のヨーロッパで、ハーブにまつわるいろいろの怪談めいた話があるのは、これに属しよう。ハーミット（hermit 隠とん者）や魔女がハーブをもととして不可思議な薬を作る話など、シェイクスピアその他の作品に多く見られる。

中国人は、春、酒まさに熟す。薬味おのずからかんばしい。などと新酒の匂いを歌っているが、新酒の豊醇《ほうじゅん》さを、神仙に求めている。ある中国の料理通は、中国料理の匂いづけは、茴香《ういきょう》、山椒、桂末（肉桂の粉末）、芥末（からしの粉末）、薑《きょう》（しょうが）、丁子、唐辛子、杏仁《きょうにん》などが主体で、ここに中国料理独特の味と匂いと刺激が生まれるのだという。山椒もショウガも種類は多い。それに特有な甘さと刺激があって薬臭の強い肉桂。そしてウイキョウとキョウニンなど一段と薬に近いものである。薬味料でなくてなんであろう。

かれら中国人は、薬品を上・中・下の三つにわけ、上薬は天に応じ、神仙（神通力を得た人）となり、生命を養うもので、中と下とは病気、けがなどの応急薬であるという。そうすると上薬は、口に入れて生命の根本を養うもので、私たちが現在いうところの薬品以上の存在である。古くかれらは経済生活を食貨といった。一世紀代の『漢書』はいう。

一にいわく食《しょく》。二にいわく貨と。食は農殖《のうしょく》（有用な動植物を栽培畜養して人間生活に必要な物を増産する）嘉穀《かこく》（味のうまい穀物）食すべきものをいう。貨は布帛《ふはく》、衣るべきもの、および金・刀・亀・貝、財をわかち利をしき、有無を通じるゆゑんのものをいうなり。この二者は生民《せいみん》（人民）のもとにして、神農（伝説上の太古の帝王）の世よりおこる。……食たり、貨通じて、しかる後、国みち民富みて教化なる。すなわち食料の根本である農業から、国家の財政経済におよぶのである。こうして「食」を第一とする中国人の生活が展開されるが、他のなにものにもまさる大切な食は、上薬であり、神仙であり、生命を養うものである。そしてこの食は、中国人特有の薬味料をまって、始めてここにいう三つの条件を満たすのである。薬味さまざまだろう。日本の七味唐辛子などとは雲泥《うんでい》の差どころでないことに、よく注意してもらいたい。

そこで最後の香辛料（spice）にうつろう。重ねて『S・O・D』を見る。

To prepare or season (food, etc.) with a spice or spices. To season, to affect the character or quality of by means of some addition or modification.

ナッツメグとメース（肉荳蔻とその花）、クローブ（丁子）、ピメント（pimento）、シンナモンとカッシア（肉桂）、ペッパー（胡椒・黒と白と長の三つ）、ジンジャー（しょうが）、カーダモン（cardamon）、チリー（唐辛子）、コリアンデル（coriander）、ジル（dill）、クミン（cumin）など、皆さんよく知っておられるものばかり。そして熱帯アジア原産のペッパーとシンナモン、ナッツメグ、クローブがスパイスの大名物であった。

紀元前三〇年に自殺したエジプトの女王クレオパトラ以来、十三世紀の世界的旅行家マルコ・ポーロが、天の都《みやこ》杭州といった東方中国の大都会は、ペッパーの大消費都市すなわちペッパー天国であった。十五世紀の末にコロンブスは、南アジアのスパイス・アイランドと黄金の国ジパング（日本）を求めたが、誤って新大陸アメリカを発見し、十六世紀ヨーロッパの東方アジアと西方アメリカへの航海、すなわち大航海時代は、実に南アジアのスパイスによって展開された。こうして世界が、今日の全地球へとなったのである。南アジアのスパイスが、今日の世界の歴史を形成した、一つの主要な契機であったのはたしかなことである。十七世紀のオランダのアジア貿易を、あまりに香料商人的であったと人はいう。この香料的という言葉は spicery であって、その原義は A room or part of a house set apart for the keeping of spices. である。スパイスが他のどの商品よりも大切で、スパイスだけを保管していた建物があったからである。かれらヨーロッパ人にとって香料すなわちスパイスであった。

それではなんで南アジアのスパイスが、世界の歴史の上で重要な商品となったのだろう。それは前の風味（flavour）と薬味（herb）以上に、飲食品の匂いづけ味つけ、そして刺激剤それから薬用として、重大な要素（element）を持っており、これがなくてはヨーロッパ人の食生活がすまされなかったからである。では前の二つとくらべてどうちがうか。わかりやすいように、この三つの性格を示して見よう。

風味料――匂い（いろいろ）

薬味料――薬臭（と味）――刺激（いろいろ）

香辛料――匂い（いろいろ）――刺激（いろいろ）――味（いろいろ）

すなわちスパイスはハーブ以上に「匂いと味と刺激」をかねそなえ、この三つが薬物的な効能を土台として一段と偉力を発揮するものである。そして薬味以上に、その刺激が単なる辛さ渋さなどではない微妙なニュアンスを持ち、味も甘・辛だけではなくて、あらゆる種類の相がある。匂いも単にくすり臭いというだけではなく、花香・果実香・焦臭その他を備えている。これがなくては、鳥獣の肉と塩乾魚の臭み、油や脂肪の臭みなどが鼻につく。またこのような食品は、スパイスの使用によって、初めて私たち人間の日常の食品として成立するのである。

よく人は、風味料、薬味料、香辛料の三つを総称してスパイスというが、正しくはこのようにちがっている。

黄金の国・西アフリカのマリ王国を求めて

ここに有名な一三七五年の「カタランの地図」の一部で、北西アフリカを描いたものをかかげている。古い地図であるから、お伽噺に出てくるような人物が描かれているようだが、カタロニア語（スペイン北東部 Catalonia の言語）で書かれている説明と地名を見てゆくと、なかなかどうしてである。（図版では、わかりやすいようにカタロニア語の地名の下に日本語を入れている）

まず向って右の王冠を頭にいただき、左手に杖を持ち、右手で金塊と思われるものを左方のラクダに乗っている商人らしい人物にさし出している黒人の説明である。

この黒人の君主は、ムッセ・マリすなわちギニアの黒人の君主と呼ばれている。かれの国に産出する金はきわめて豊富なので、かれはすべての地方でもっとも富裕にして高貴なる王である。

そして左側のラクダに乗っている人の説明はこうである。

この地方全土にベールで口をおおっている住民が住む。われわれ（カタロニア人）には、かれらの目だけが見える。かれらは天幕に住み、ラクダのキャラバンを持つ。レンプという動物がおり、その皮でかれらはすばらしい盾を作る。

たぶんラクダに乗って遠くギニアまで金を求めにきたベルベル人（バーバリーやサハラに住む土人をふ

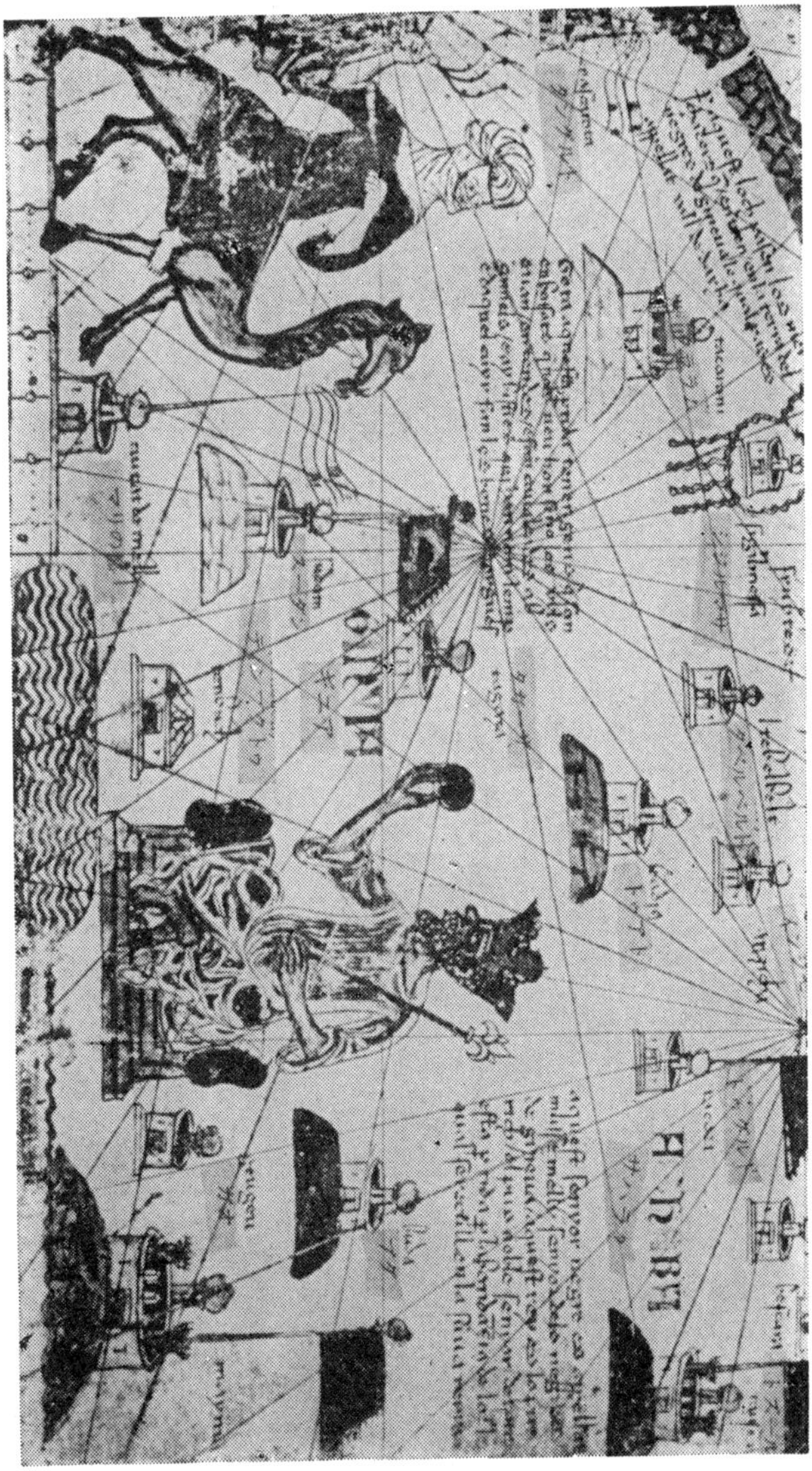

北西アフリカ略地図（カタランの古地図）

くむ北アフリカの種族）の商人であろう。

そして左方、上部の説明はこうである。

この地を通って、ギニアの黒人の地に旅する商人たちが往く。ここをドラーの谷と呼ぶ。

そして一見したところ、怪奇なようなこの古い地図にある、

「シジルマサ、タベルベルト、トゥグルト、トゥアト、タガーザ、トンブクトゥ、ガオ、マリ、サハラ、スーダン、ギニア」

などの地名を、現在の北西アフリカの略図にそれぞれ記入してゆくと、意外なほど正確な描写であるのがよくわかる。次にあげている略図のなかで、地名の下にアンダーラインを引いているのが、一三七五年の古地図にのっている地名である。

北西アフリカの地中海の海岸から、サハラの大砂漠を横断して、ニジェル河上流スーダンのトンブクトゥとガオなどから、ニジェルとセネガル両大河の上流にあった「黄金の国・マリ」にいたる地図と絵図をかねたのが、カタランの古地図である。一見したところ平板のようであるが、なかなかもってそうではない。

ではこの十四世紀後半の古い地図は、なにを私たちに語ってくれるのだろうか。

七世紀の後半から八世紀の初めにかけて、アラビア半島の一角に立ったイスラムの集団は、急速にかれらの勢力を地中海に面する北アフリカの海岸全土にのばし、七〇九年にはセウタを攻略して対岸のイベリア半島に侵入したのであった。それとともにかれらは、徐々に北西アフリカの内陸へ向い、

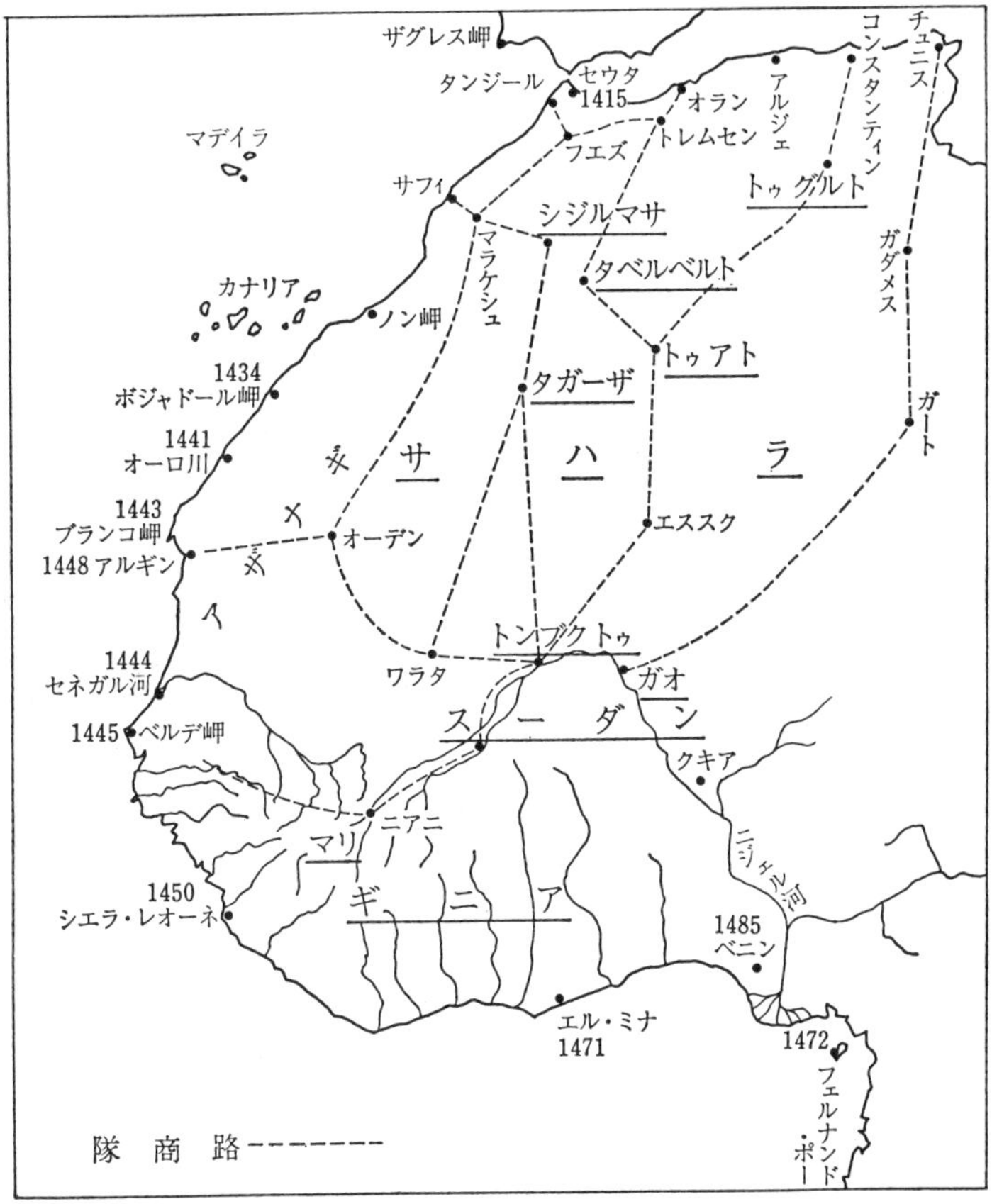

アフリカ西北部略図（傍線のある地名は前のカタランの絵地図にのせてあるもの，沿岸地名のわきの年号はポルトガル人が進出した年数である）

西スーダンのニジェル河の大湾局部を中心として成立していた黒人の国家と接触するようになったが、九世紀の後半には、ガーナという黄金の国を知るにいたった。そしてこの国では、黄金はあたかもニンジンのように砂の中から生えて出てくる。人びとは、夜あけにそれをぬき取っているのだと、西スーダンの黄金の国は、誇張され伝説化して北アフリカのイスラムの間に伝わっていた。

十一世紀のアブ・ベクリはいう。

ガーナの王は、この国に入ってくる塩を積んだロバ一頭について、金貨一ディナールの関税を取り立て、そこからさらに運び出される塩については、ロバ一頭あたり二ディナールを徴収している。銅の荷については五ミカトル、他の商品の場合は一〇ミカトルが王に支払われる。最上の黄金は、都から十八日の道のりのところにある黒人の住民で満ちあふれた地方の、ギアルという町に見出される。帝国内の鉱床で取れた金塊は、すべて王の所有に属する。しかし王は、金粉は一般住民の取るのにまかせている。こうした配慮がないとしたら、黄金はあまりにふんだんにありすぎて、もうほとんど価値がなくなってしまうだろうから。……人のうわさでは、王は自分の住居に、大きな石ぐらいの金塊を持っていたそうである。

この黄金の国ガーナは、十三世紀の前半にニジェルとセネガル両大河の上流地方に居を占めていたマリ王国に攻略され、それ以後、黄金の国の名はマリにうつり、その最盛期は十四世紀であった。たとえば、十四世紀の二〇年代にマリのマンサ・ムーサ王は、多数の従者をひきつれて聖地メッカの巡礼に旅立ち、途中で立ちよったカイロでは金塊をおしげなく人びとに与え、かれの衣裳は黄金で飾りたてられていたという。このようにして「黄金の国・マリ」の名声は、黄金を生む砂漠を支配している王として、イスラム諸国の人びとの間に広まっていた。十四世紀から十五世紀にかけて、アラビアの地理学者や旅行家は、例外もないほど、このサハラの南の奥地にある黄金の黒人国について語っている。

このようなことが、イベリア半島の人びとに、いつまでも知られないですむはずはない。アフリカ大陸のほとんど半分に近い部分に浸透していたイスラムから、ヨーロッパ人も「黄金の国、西アフリカのマリ」の存在を知るようになった。そのよい証拠が、初めにあげた一三七五年のカタランの、黄金の国マリの所在を示す地図である。

イベリア半島の国々、十字軍の時代を通じて一層勢力を増してきた北イタリアの商業都市、これらの国々の人たちが、イスラムの仲介なしに、まだ見ぬ黄金の国になんとかして達したいと念願したのは、いうまでもないことだろう。しかし地中海に面する北アフリカの一帯から、イベリア半島にかけて支配していたイスラムは、竹のカーテンをはりめぐらしてヨーロッパ人を一歩も近づけさせない。まして北西アフリカの奥地まで、どうして行けよう。

一〇九五年に独立したポルトガルの最大の目的のひとつは、このようなイスラムの勢力を排除して、キリスト教国としての国威を宣揚することにある。その第一着手として、地中海入口のジブラルタル海峡に面する、イスラム最大の拠点セウタを占領したのは一四一五年であった。セウタをおさえて、イタリア商業都市の船が大西洋に乗り出すことをシャット・アウトできた。しかしセウタから、内陸の北西アフリカへ侵入することはできない。内陸のスーダンからギニアの、黄金の国のうわさはきかされている。それにはサハラの大砂漠をこえなければならないが、この砂漠に入ることさえ許されない。

こうしてポルトガルは、有名なエリンケ親王（一三九四—一四六〇年）のもとに、未知のアフリカ西海岸の航海探険に乗り出すことになった。アフリカの本土を支配するイスラム勢力と直接に対決することをさけて、あわよくば黄金の国にいたろうというのである。神秘な未知のアフリカ大陸に、西方の海上を沿岸づたいでゴスペル（Gospel. 神の福音）を伝え、ゴールド（Gold）を獲得し、グロリー（Glory. 栄光）を得て、国威を発揚する。この三つのGは、ポルトガルの西アフリカ海岸進出の根幹であった。

といって、まだ誰も知らない、行ったこともない、怪奇と不安に満ちた海洋に乗り出すのは、なかなか普通では敢行できないことである。マディラ・カナリア諸島を探険して、ボジャドール岬に達したのが一四三四年である。そして一四四一年にオーロ川の川口に達したが、土人から少量の砂金を得たのが、かれらポルトガル人が西アフリカの海岸で、直接手に入れた最初の金であったという。かれらは、この川を「黄金の河」と名づけた。つづいて一四四三年にブランコ岬、一四四五年にはベルデ岬に達し、一四四八年にはブランコ岬湾内のアルギン島にポルトガル人として西アフリカ海岸における最初の砦をきずくことに成功した。かれらの主として得たものは黒人の捕虜と海豹《あざらし》の皮であった。しかし「黄金の国」を探し求める念は、つのるばかりである。こうして十五世紀の四〇年代から五〇年代の二〇年間に、ポルトガルの船はぞくぞくとアルギンからセネガルへ向って行く。

ベニスの商人カダモスト（一四二六—一四八三年）は、金をかせぐ目的でポルトガルに渡り、航海者エリンケ親王の勧誘に応じて、一四五五年にベルデ岬の南部まで航海した。かれはベニスの出身者でジブラルタル海峡を越え、大洋を航海し、赤道にかけて南部の黒人（ネグリ Negri）の土地へ足を踏み入れたのは、おそらく私が最初だろうと豪語している。十四世紀後半のカタランの地図の、黄金の国・マリのことを確実にたしかめた最初のヨーロッパ人はかれであった。

ポルトガル人の拠点であるアルギン島から、陸地に入ると奥地にオーデンという黒人の部落がある。北アフリカから来る隊商の宿泊地である。そしてさらにここから六日ほどの奥地に、タガーザというところがある。（北西アフリカの略図を見られたい）カダモストはいう。

そこ（タガーザ）では、非常に大量の岩塩が採掘されている。岩塩は切り出されると、各地方から集ってきたたくさんのアラブ人やアザナギ族（北西海岸の種族）らの隊商によってつぎつぎとひきもきらずトンブクトゥに運ばれる。そこからさらに「マリという黒人の王国」へと輸送されるが、王国に運びこまれた岩塩は、その時の量によって差異はあるけれども、とにかく八日とたたぬうちに、一包あたり約二〇〇ないし三〇〇ミティガルロの値で売りさばかれる。ミティガルロとは（ベニスの貨幣）ドゥカートに相当する金貨の値である。金を手に入れると、隊商たちはそれぞれの故郷へと帰途につく。

マリ王国の暑熱は非常にきびしい。そこには家畜の飼料がほとんど自生しない。それゆえ隊商に従ってやってきた家畜（ラクダ）は、大部分が生きて帰れない。まず四分の一しか生きて帰れないと考えてよいだろう。そこでは四つ足の獣は生存できないのだ。アラブ人やアザナギ族たちも、この地にたどりついてから病気にかかり死亡する者がすくなくない。いずれも、あまりにはげしい暑熱のせいである。タガーザからトンブクトゥまでの距離は騎馬で約四〇日、トンブクトゥからマリまでは約三〇日である。

マリで岩塩の取り引きをしてきた商人にたずねると、そこの王国が消費する岩塩の量は搬入される全体の量のごく一部にすぎないそうである。その地方では、昼夜の時間がほぼひとしいゆえ、一年のうち一定の期間は耐えがたい熱気におそわれるという。そういう時には血が腐敗するので、もし塩がなければ人は生きられない。結局、一種の薬品として岩塩のかけらを皿にいれ、少量の水に溶かし、毎日飲むのだという。そうやってかれらは、自分たちの命を守ってきた。

このように塩は貴重品であった。生命の糧《かて》であった。マリ国人の立場から言えば、金の価値は、それを買うことができる塩の量で評価されていたといってもよいだろう。では、この極めて大切な塩と金が交換されるクライマックスの話にうつろう。

話は前後するが、初めに岩塩をタガーザで採掘するときは、大きな塊りのままにしておき、運びやすいように二個ずつラクダの背中に積む。マリからは、黒人たちの運びやすいように、ちょうど頭に乗るぐらいの大きさに砕いて一人一個ずつ運搬する。かれらは長蛇の列をなし、はだしのまま、どこまでもどこまでもそれを運んでゆく。……やがてかれらは、とある水辺にたどりつく。(ニジェル河のトンブクトゥ上流の氾濫地帯であろう)ラクダはもとより、動物は一切生存しない。つまり動物が生きられぬほど。その地方の暑さがはげしいのだ。にもかかわらず、炎熱のさ中をあるいて岩塩を運びたいと願う人びとのなんと多いことか。そしてそれらの岩塩を食べねば、生きていけない人びとのなんと多くいることか!

さて、さきにのべた水辺まで塩を運ぶと、あとは次のような事態が展開する。まず塩の持主たちは自分の岩塩に印をつけ、一列にならべる。それから半日ほど、きた道をもどる。するとその後に別の黒人種族がやってくる。かれらは誰にも姿を見られたくなく、また誰とも話をしたがらない。何隻かの大きな船に乗ってやってくる。どこかの島からくるらしい。舟をおり、岸にあがって、塩を見つけ、それぞれの塩の塊りに見あう量の金をかたわらにおく。そして金と塩を残していったんしりぞく。かれらが引き返した後に、今度は塩を運んできた黒人たちがもどってくる。そして自分の塩塊のわきにおかれている金の量に満足すれば、塩を残して金を持ち帰る。次に金を運んできた黒人たちがやってきて、金のなくなっている塩は自分たちのものにする。一方、金がそのまま残っている塩の塊りには、もしも交換したければさらに金をつけ加え、交換を望まない場合には塩だけを残して引き返す。という具合いに、互いに顔を合わせることなく、また話をかわすこともなく昔からの交換方法で長年かれらは取り引きをくり返しているという。

このような事実は、信じ難いかもしれぬが、私はこの情報をアラブ人からも、アザナギ族からも、そしてまた信頼するに足る多くの人びとからも、現にこの耳で聞いたのだ。

十五世紀にポルトガルが西アフリカの海岸に派遣した多数の船乗りのなかで、スーダン奥地で行なわれていた金のバーター、そしてその金がマリ王国に集まることについて、正確な最初の情報をつかんだのはカダモストであった。そして北西アフリカ内陸の沈黙貿易の実体をよく伝えたものとして、貴重な資料である。カダモストはセネガル川の上流地方を、そう奥まで入っていないが、スーダンとギニアの奥地に産出する豊富な金がこうしてマリに集まり、そこからトンブクトゥとガオから、はるかサハラの大砂漠をこえて、北アフリカの地中海海岸に転送される消息をよく伝えている。一三七五年のカタランの地図の確認である。

十五世紀のなかばになって、黄金の国マリは、ようやくポルトガル人に初めてはっきり知らされたのであった。しかし、まだまだこの地帯に足をふみ入れることはできなかった。

ポルトガル人のアジア進出はアニマ（霊魂）とスパイス（胡椒）のためだという

ポルトガル人に対し、卿等《きょうら》（あなたたち）はなんのために東洋に赴くかと問えば、かれらは傲然として「胡椒（スパイス）及び霊魂（アニマ）のために」と答えたのである。商利を開拓すると同時に、土人に耶蘇《やそ》（キリスト）教を伝えてかれらの霊魂を救済するのが主眼であった。ポルトガル人の貿易地点には堅固な城塞（fort.とりで）がたてられ、多数の兵士が駐屯し、またポルトガル王は喜望峰（ケープ・オブ・グッド・ホープ）からモルッカ諸島にいたる間に十九ヶ所の駐在所（station）を設け、教職（人びとを教導する職）を任命し、会堂（キリスト教会堂）維持の費用を負担された。しかしながらいつしか「霊魂」は忘却せられ、「胡椒」のみがかれらの専業となった。教師は懶惰《らんだ》で土語（その地方の土着の人が使う言葉）を勉強しないから土人に説教することができない。土人中洗礼を受ける者はあっても一向教理を弁《わきま》えない。商人や兵士の大多数は、あるいは一攫千金《いっかくせんきん》を夢み、あるいは喧嘩刃傷《にんじょう》を事（しごと）とする無頼漢で、しかも独身者であるから、酒と女とを相手とし、宗教の話などは全然耳に入れない。そうして将校その他上流（上位）に立つものが汲汲《きゅうきゅう》として私利（利益）を営んだことは、三年東洋に駐在すれば一生安楽に暮せるという諺のあるのをもって知られよう。

（読みやすいように、かなづかいと字をあらため、括弧内に説明を加えた。）

これは故・幸田成友《しげとも》先生の名著『日欧通交史』（昭和一七年、三四頁）の一文である。十六世紀のポルトガル人が、胡椒（pepper）をもって代表される南アジアのスパイス（spices）と、アニマ（anima

霊魂）すなわちかれらの信奉するキリスト教の布教のため、インドに進出したのは事実である。前者は、当時ヨーロッパで強烈に異常なほど需要された、インド南部とセイロン・スマトラ・ジャバ・モルッカに産出した南アジアのスパイス（ペッパー・シンナモン、クローブ、ナッツメグ）の独占支配である。ポルトガルの東洋航海で最大の利益をあげたものであった。後者は、ポルトガル国王の崇高な精神的使命である。ポルトガルのインド進出を『第二の十字軍』であると、一部の歴史家がいうのはこの意味である。最初はアニマとスパイスが表裏一体であったのが、いつのまにかアニマは忘れられて、スパイスすなわち商業上の利益だけがポルトガル人の目的になったと幸田先生は説いておられる。まことにそのとおりである。

それではポルトガル人のインド渡来の目的について、十六世紀の末（わが天正年間。一五八二年から九〇年にかけて）に日本から遠くローマに派遣された、有名な天正遣欧使節の話を聞いて見よう。（一五九〇年・マカオ刊・ドゥアルテ・デ・サンデ訳編・日本使節たちのローマ教皇廷への派遣、ならびに使節たちのヨーロッパ及び往復の全旅程において見聞せしことどもについての対話録。デ・サンデ、『天正遣欧使節記』、新異国叢書、昭和四四年）

（リノ）　ポルトガル人はただ商業取り引きの目的だけで、あれほど多くの、またあれだけ大きい生命の危険を冒してインド航路を開いたのであろうか。

（ミゲル）　自分の利益を考える商人たちの考えは、いかにもそのとおりであった。しかし、王たち――ことにその王たちがキリスト教の教えに心からの帰依《きえ》を捧げている場合に、神はかれらにはるかに高尚で崇高な気魄を植えつけ給うのを常とするのであるが――こういう王たちの心は、先にも述べたように、かねて自分たちが心から従ってきたキリストの御支配をさらに遠くさらに広く弘通《ぐつう》(ひろめること)をせしめ、いまだに残虐で野蛮の風を脱せず、確たる法も確たる宗教もなく、畜類のような生活を送っている全アジアの無限ともいうべき多くの種族に、キリストの信仰を得させて、かれらをよりよき生活の仕方を立てるように、導き慣らそうとするものであった。

(リノ) ではとにかく商人についての話だが、一体どういう品物がヨーロッパからインドに持って来られ、また反対にインドからポルトガルに持ち帰られたのであろうか。どうか教えていただきたい。

(ミゲル) ポルトガルからは第一にインドの品物を買うために銀が輸出せられる。それから、葡萄の房から絞った酒(ワイン)、オリーブから採ったオリーブ油があるが、インドで珍重せられるこれらの液類について、ヨーロッパはきわめて豊富である。そのほかに亜麻織・絹織、あるいは厚地のラシャ織、あるいはフリジア風に(すなわち巧みに。小アジアのフリジアは刺繡《ししゅう》の巧みで有名)金の縫取《ぬいとり》を施したものなどの多種類に上る布の類ばかりでなく、また物資が非常に豊富でいろいろの技術がそなわるヨーロッパが常につくるその他のこれに類するものを輸出し、インドからは胡椒(ペッパー)、生姜《しょうが》(ジンジャー)、肉桂(シンナモン)、丁子(クローブ)その他の香料(スパイス)、多量の綿布をヨーロッパに持ち帰っている。かくてこうして商品が東西に往来するために、ヨーロッパもインドも、双方共にこの通商航海によってすこぶる豊かな収益を収めているのである。

(リノ) 銀ばかりか、立派な商品を受けるインドの方が確かに収穫は大きいだろう。

(ミゲル) ポルトガル人も貿易のためにあれだけの海を渡って来るのであるから、決して損のゆくようなことはしない。というのはインドのスパイスは、あなた方こそ、それほど尊いものだと思わないであろうが、ヨーロッパではその尊さ、そのこころよさ、その他の有利な条件のために、ポルトガルからヨーロッパのいろいろな国々に運び出される莫大な銀の目方をもって売り払われ、驚くほどの利益をポルトガル人のために生んでいるのであって、このためにおろした資本はしばしば二倍、ときには三倍となって商人の手に帰ってくるのである。

足かけ九年間にわたり、親しく東海の日本から東南アジア・インド・アフリカ大陸を周航し、ポルトガル・スペイン・イタリアを歴訪して帰国しただけあって、アニマのためはもちろんのこと、スパイスのためもよく理解している。さすがである。ただ十六世紀末ごろの日本人に、この話の意味が十分にわかってもらえたかどうかは、疑問としておこう。

さてポルトガルのアジア支配は、十六世紀のなかばに、

本国から西アフリカ海岸をへて東アフリカの海岸──→インド西海岸（とセイロン）──→マラッカ（マレイ半島）──→モルッカ。別にインドの西海岸からペルシア湾と紅海の入口。そしてマラッカからマカオ（中国）と日本。

とあまりにも急速に拡大しすぎた。インドのペッパーとセイロンのシンナモンとならんで、ヨーロッパでもっとも要求されるインドネシアの奥地にあるモルッカ諸島のクローブとナッツメグの支配を確保しなければならない。そのためには、広大なインド洋から東南アジアにかけて、それぞれ重要な拠点を占領し、そこにはフォート（城塞）やファクトリー（Factory. 在外駐在所）をおかねばならない。そしてこれらアジアの拠点を海上のラインで結び、アフリカ大陸を迂回して遠く本国のリスボンと直結させておかねばならぬ。海と陸の双方に膨大な軍事力をいつも備えておくことが必要である。しかしポルトガル本国が、アジアに派遣することのできる海と陸との軍事力には限界がある。十五世紀の当時、

人口一〇〇万内外を算えるイベリア半島の一角にある新興国にすぎなかったから。インドのペッパーが近東地方を経由して、イタリアからヨーロッパ各地に流入するのをストップするためには、ペルシア湾と紅海の入口を占領し封鎖して、インド西海岸から東アフリカ海岸までのインド洋における、ポルトガル船の航海の安全と海上の支配を計らねばならない。それがためには、この広大な海洋におけるイスラム船の活動をシャット・アウトする必要がある。

それからインドのペッパー以上に利益をあげる、モルッカ諸島のクローブとナッツメグを支配するためには、まずマレイ半島のマラッカを拠点として占領し、ついでモルッカにフォートを設置しなければならない。そしてマラッカの貿易を拡大するために、中国のマカオを拠点として、遠く東海の日本と貿易することも必要である。

こうなってくると、本国の保有している軍事力の限界点をはるかにこえてしまう。たとえば、かれらは鋭意モルッカの支配を念じたが、かれらの軍事力ではマラッカを守備し維持するのがやっとのことで、モルッカまではどうにもならなかったという。

そこで、このような軍事力の不足を、かれらはアジアの各地、とくにスパイスの原産地の住民に対するキリスト教の布教ということで、カバーしようとした。かれらの軍事支配は、ヨーロッパ向けスパイスの独占支配の確保にある。これがかれらのアジア通商である。原住民をキリスト教に帰依させる。そうすればスパイスはたやすく手に入る。キリスト教の布教は、スパイスの支配獲得を維持するために、軍事力の不足を補うための手段であった。

こうまで言い切ってしまうと、アニマとスパイスのためということが、スパイスのためのアニマとなってしまって、あまりにもスパイス一辺倒になってしまう。たしかにそういう時期もあった。しかし最初からそうであったのだろうか。「アニマとスパイスのために」というキャッチ・フレーズは、かれらのポルトガル人の間に、いつごろから傲然と口にされたのだろうか。幸田先生の文では、その時期が明白でない。欧米の諸学者の所論を見ても、ほとんど誰もはっきりさせていない。

私はできればこの文句の起原を求めて、最初からスパイス支配のためのアニマであったのか、あるいは最初はアニマとスパイスが併行していて、アニマは第二の十字軍的な意味を持っていたものか、この点をはっきりたしかめたい。

バスコ・ダ・ガマは、一四九八年五月二〇日にインド南部マラバル海岸、カリカットの沖に投錨した。翌二十一日、ガマは一人の隊員に二人のアラビア人を通訳として随行させ、上陸させた。かれらが上陸して土地の人から最初に尋ねられたことは、君たちはなんのためにやってきたかということであった。隊員の一人は答えた。「私たちは、キリスト教徒とスパイスを探し求めるためにやって来たのである」と。

ここで注意しなければならない。インドに上陸した最初のポルトガル人の言葉は、スパイスの探求であっても、キリスト教(アニマ)を住民に布教するというまでは考えていなかった点である。東洋のどこかに住んでいるとポルトガル人が信じているキリスト教徒とその国を探し出し、かれら信徒ある

バスコ・ダ・ガマの船隊（1497. 7～1499. 7　帆にはっきりと十字架が描かれている）

いはその国と手を結ぶことにあった。そうすることによって、スパイスもたやすく手に入るだろうし、ポルトガル人の聖なる信仰を伝えることもできる。

さて中世のヨーロッパでは、アジアあるいはアフリカのどこかに、プレスター・ジョンという強大なキリスト教国があるという伝説が広まっていた。そして十四・五世紀になると、エジプトの南にあるエチオピアこそ、まさしくそれであろうと一般に信じられていた。十五世紀の八〇年代にアフリカの西海岸を南下して、インドに到達しようと念願していたポルトガルのジョアン二世（一四八一—九五年）は、エジプトの南方にあって金に富むオガネという キリスト教国こそ、従来の伝説上のエチオピアにあるというプレスター・ジョン王国にまちがいないという推定目標を立てた。そこでかれは、早速この王国を探索するため二つの計画を立て、実行にうつした。

(一) 国王は一四八七年にペロ・デ・コビリアンとアフォンゾ・デ・パイバという二人の、イスラムの言語、風俗、生活に精通した人物を、中近東からインドへ派遣することにした。二人に与えた国王の指令は、「エチオピアにあると信じられるプレスター・ジョンの国を発見し調査すること。それから近東地方からベニスに送られてくるスパイスが、どこで産するのかをたしかめること。」であった。

二人のスパイは、一四八七年五月にリスボンを出発し、バルセロナからイタリアのナポリに渡り、ロードス島を経由してアレクサンドリアに入ることに成功した。そこでイスラム商人になりすまし、カイロからシナイ半島のトロに行き、船で紅海入口のアデンに着いた。ここで二人はわかれ、パイバはプレスター・ジョン王のエチオピアを目ざし、コビリアンは便船を得てインド南部のマラバルへ渡航した。もちろん両人は、後日カイロでおちあう手はずをきめていた。

コビリアンはマラバルのカリカットで、大量のペッパーとジンジャーがこの地方に産するのを知り、シンナモンとクローブは、遠い他国からこの地に集散するということを耳にした。それからかれは、ゴアをへてペルシア湾入口の大貿易港オルムスに渡り、東アフリカ沿岸の商況を聞いて、イスラム商人の群にまじり、遠く東アフリカ海岸南部のソファラまで行った。ここでかれは、東アフリカの海岸は、その終り（南端）はよくわかっていないが、とにかく航海ができること。また月の島（マダガスカル）という広大で資源に富む島のあることを知った。

こうしてかれは、西アフリカ海岸のギネアから南へ南へと進めば、途中にまだよくわからない海域はあるが、東アフリカ南部のソファラもしくはマダガスカル島に到達できるはずである。ここまでくればしめたもので、後はかれ自身の体験によって、モンバサあたりからインドへ直航できることを知った。

かれはポルトガル人として最大のニュースをつかみ、ソファラから再びもとの航路を取り、アデンから一四九〇年にカイロに帰った。かねての約束にしたがい、エチオピアに潜入したパイバと会うためであった。しかしここには、パイバはエチオピア方面で死亡したという消息を持った別の人間が、かれを待っていた。出発以来三年におよんで消息をたっていた二人のスパイの動静を探るため、ジョアン二世から派遣された二人のユダヤ人は、王の新しい命令書を持参していた。どんな犠牲をはらっても、エチオピアのプレスター・ジョン国王と連絡すべしという指令である。

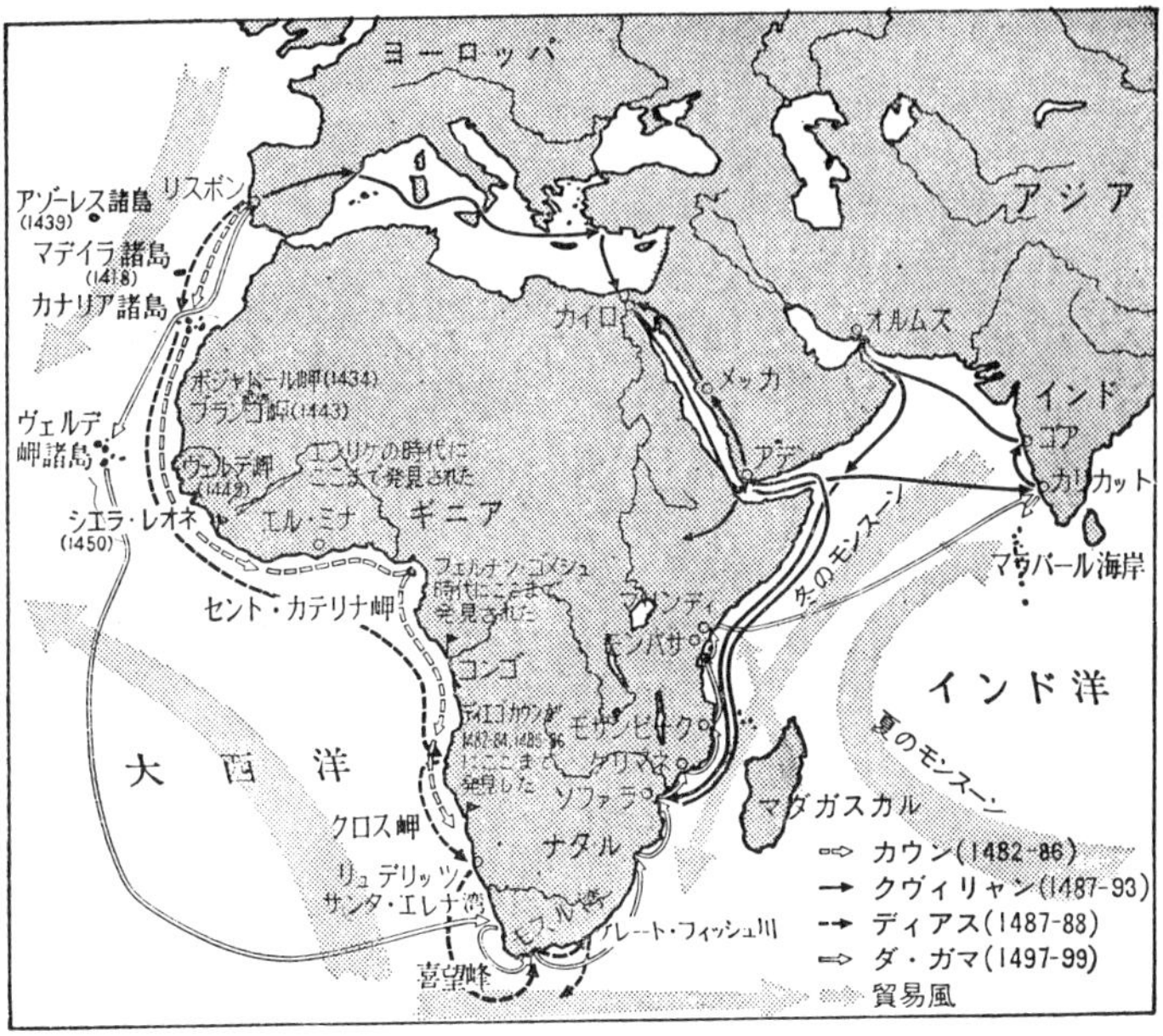

ポルトガルのアフリカ，インド洋探険

そこでコビリアンは、かれが三年にわたって見聞したインド洋沿岸各地の実状と、アフリカ大陸の南端をまわってインド洋に出る航海の可能なことを、ポルトガル国王あて委細にしたため、その報告を一人のユダヤ人に託した。そして再度の国王の厳命を奉じてエチオピアのプレスター・ジョン王に会うため、紅海を下りソマリーランドからエチオピアに入ったが、その後長く消息を絶ってしまった。

(二) ジョアン二世は、以上の(一)とは別にギネアとコンゴから南下してアフリカ大陸の南端をつきとめ、インド洋にいたる航路を発見し、海上からエジプトの南方にあると考えられているプレスター・ジョン王国の探索を計画した。

コビリアンが出発してからすぐ、一四八七年八月にバルトロメウ・ディアスは、この指令を受けて三隻の船でリスボンを出帆した。かれはコンゴへ直航し、その後は海岸線にそうて南へ進み、十二月二十四日ごろ強い嵐にあい、海岸から沖合に押し流されること十三日、知らないあいだにアフリカの南端をまわり、風がおさまったときには南端から約四〇〇キロ東方のモスル湾に入っていた。一四八八年一月の上旬のことである。そこから海岸線が遠く北東に向って走っているのをたしかめ、かれ自身すでにインド洋の入口に達していることを知ったのであるが、グレート・フィッシュ河口に達したとき食料はなくなり船員は疲労憔悴しきって、これ以上航海をつづけることはできなかった。

そこでかれはやむなくここから引き帰し、南端の喜望峰をたしかめ、一四八八年十二月にリスボンに帰帆したのであった。

それで以上の二つの成果を結び合わせると、アフリカ東海岸南部の一部分だけがわからないだけで、あとは大体わかっている。だから一四九七年七月八日にリスボンを出帆したガマの船隊は、このような調査をもとにして実行されたのであった。

こうしてコビリアンとディアスに与えられた指令と、ガマの隊員の発言は、みな一致している、エチオピアかインドのどこかに、キリスト教国があるにちがいない。それを探し出し、かれらキリスト教徒と手を結び、神の福音を深めて喜ぶ。かれらを通じてポルトガル国王の偉大さが広まる。このように考えて行動しようとしたのが、ポルトガル国王の念願であったのだろう。だから一四九八年五月のガマの隊員のキリスト教徒を探し求めるためにやってきたという言葉は、かれらの本心であった。もちろんそれによってスパイスを有利に手に入れることができるという考えもあった。

こう見てゆけば、ポルトガル国王のインド進出の目標は、アニマとスパイスを探し求めるためであっても、両者がともに併行して考えられている。最初からスパイス支配のためのアニマ、すなわち原住民に対するキリスト教の布教とまでは、意識されておらず、考えられていなかったというのが妥当のようである。

アフリカ大陸の南端を迂回すれば、インドに到達することができる。スパイスは手に入る。キリスト教の国と教徒も発見できる。スパイスの獲得とともに、神の福音を広めることができる。そこには崇高な信仰意識が、まだ十分に存在している。だからこのような状態で直ちに「スパイスのためのアニマであった」と言うのは早計である。このような意味と事実からすれば、ポルトガル国王の最初の信念と行動には、「第二の十字軍」としてのものがたしかにあった。

一五一八年ごろにできたと思われるポルトガル人、デュアルテ・バルボサの『インド洋に面する諸国と諸国住民の報告』を見よう。かれの記述は、東アフリカからアラビアとペルシアの沿岸、そしてインドの西海岸各地とセイロン島までは、正確で詳細である。一五一一年にポルトガルはマラッカを占領し、バルボサも知っているが、セイロン島から東方の東南アジア諸島、それから東アジア（シナ）のかれの記述は、インド本土までとくらべればはなはだ漠然としている。

ポルトガル国王のアジア（というよりインド）海上の進出が、インド本土とセイロン、そしてマレイ半島のマラッカ、ついでモルッカと最初から計画されていたとは考えられない。とにかくインドに達すれば、スパイスは易々と手に入るぐらいの考えであったにちがいない。まして遠くマラッカとモルッカのことなどは、最初はまだよく知っておらなかった。インドに到達してから数年の間に、始めて知ったのだろう。一五一一年のマラッカ占領以後にできたバルボサの地誌の内容から見ても、この間の消息がうかがえる。だから最初は、スパイスのためのアニマではなかったということができる。

それではポルトガルの軍事力を中軸として、スパイスのヨーロッパ向け独占支配と、アニマすなわちキリスト教の布教とが、車の両輪をなして、強力に推進されるようになったのは、いつごろからのことだろうか。

ポルトガル人渡来以前の十四・五世紀に、インド本土を中心に、西はアフリカから東は東南アジアを結ぶ広大な海上の領域は、イスラムの通商圏としてまとまっていた。インドのカンバヤとベンガル地方で生産される、各種の綿糸布と織物の通商権をにぎっていたのはイスラム商人である。またインド南部のペッパーを支配していたのは、かれらである。かれらはマレイ半島のマラッカをイスラム化し、ここを拠点として東南アジアと東アジア（シナ）の交易による巨大な利益を得ていた。マラッカの隆昌は、主としてインドのカンバヤとの通商によって成立している。それは、インドの綿糸布とジャバ・モルッカのスパイス、それからシナの絹・陶磁などのマラッカにおけるバーターである。だからカンバヤはマラッカという市場がなくては生きてはゆけない。マラッカはカンバヤと通じてこそ、東南アジア最大の貿易港として成立する。そしてヨーロッパに転送されるスパイスは、主としてインド南部のマラバルとカンバヤからである。さらに、モルッカのクローブとナッツメグだけを取り上げると、原産地のモルッカからジャバを経由してマラッカに送られ、マラッカでカンバヤ商人の手に入り、かれら商人によって近東地方を経由して地中海のイタリアにとどくのである。だからマラッカの王は、ベニスののど首に短剣をあてているのは自分であるとさえ豪語したという。

このような状態であったから、ポルトガル人がアジアのスパイスの、ヨーロッパ向け分の支配を計るのには、どうしても南アジアの通商権をにぎっているイスラム商人と対決しなければならない。それがためには、なによりもまず、南アジア各地の重要な拠点を占領し、それらの拠点を結ぶ海上の軍事力を維持し強化せねばならない。しかしかれらはそれを怠った。いやかれらの保有する国力をもってしては、アジアに対する必要な軍事力の補給さえできなかったのである。また最低の軍事力を保持するための、士気の充実も欠けていた。このことは、初めの幸田先生の文にも指摘されている。

ポルトガル国王を中心とする本国の貴族が、初期のスパイスの獲得によって得た莫大な利益を浪費して、アジア派遣軍備の補足充実と、軍人官吏の給与の改善を怠ったことにも原因してる。その他に、スパイス貿易自体のやり方、その他に種々の原因をあげることができるが、要はポルトガルの国力以上に、アジアの海上支配地域が広すぎたことである。ポルトガルの人的資源だけを取って見ても、どうしてあの広大なアジアの海域を支配するに足るだけの、人員が供給できただろうか。とてもできないことであった。南アジア海域におけるイスラム商人の通商支配は、ポルトガル人が初めに考えていたよりも、はるかにコンクリートな存在であった。

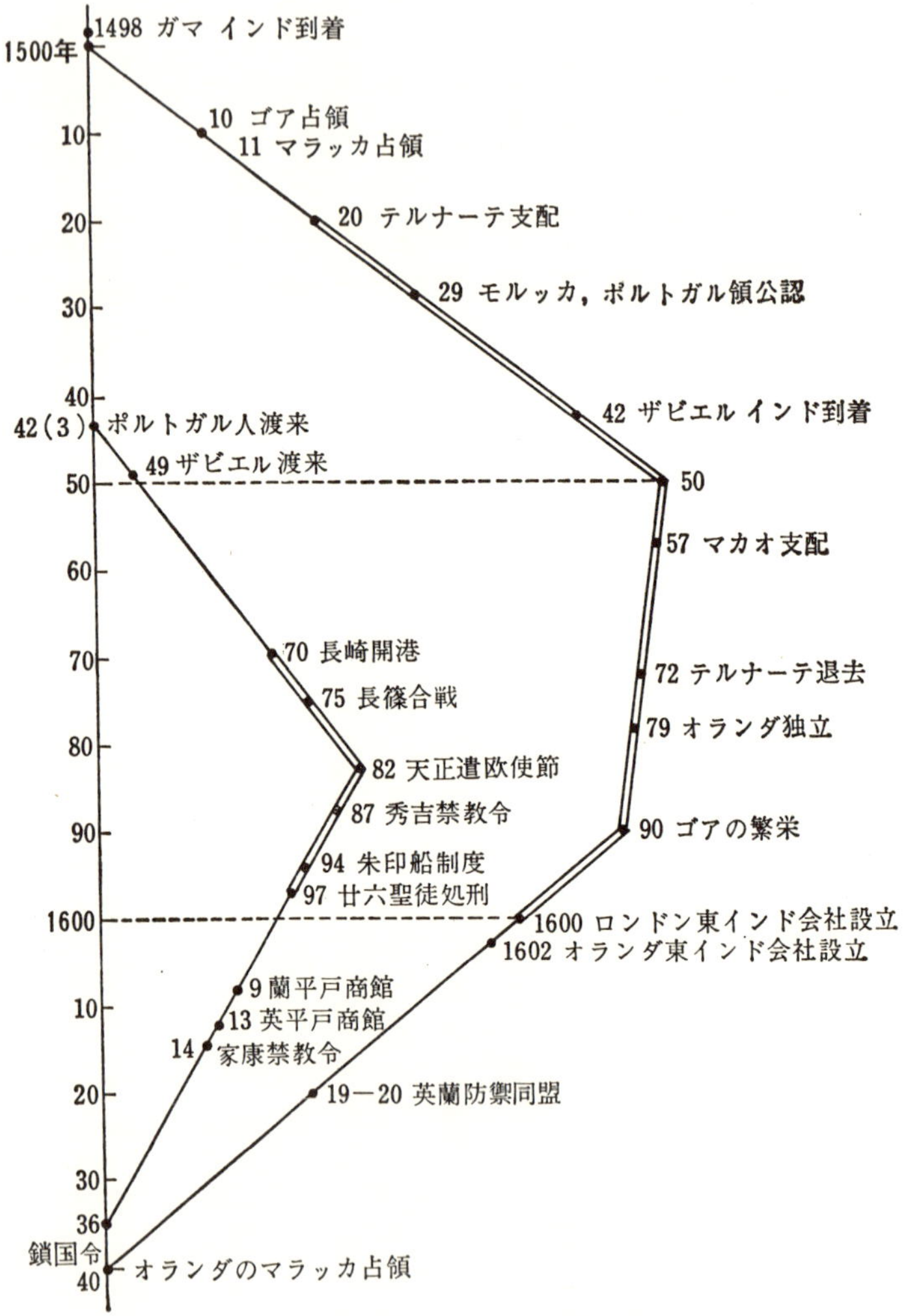
1498 ガマ インド到着
1500年
10 ゴア占領
11 マラッカ占領
20 テルナーテ支配
29 モルッカ，ポルトガル領公認
42 ザビエル インド到着
42（3）ポルトガル人渡来
49 ザビエル渡来
50
57 マカオ支配
70 長崎開港
75 長篠合戦
72 テルナーテ退去
79 オランダ独立
82 天正遣欧使節
87 秀吉禁教令
90 ゴアの繁栄
94 朱印船制度
97 廿六聖徒処刑
1600 ロンドン東インド会社設立
1602 オランダ東インド会社設立
9 蘭平戸商館
13 英平戸商館
14 家康禁教令
19—20 英蘭防禦同盟
36
鎖国令
オランダのマラッカ占領
10
20
30
40
50
60
70
80
90
1600
10
20
30
40

ポルトガルのアジア貿易盛衰表

ここで私は一転して、十六世紀のポルトガルのアジアにおける勢力のうつり変りを、極めて大胆に図表で示そう。なおわかりやすくするため、ポルトガルの日本貿易をあわせてそえておいた。この二つをくらべると、ポルトガルの日本貿易は、アジアとくにスパイス貿易の衰退を補足するものであったことが、よく理解されるだろう。

この大胆なそして簡単な表示については、表現方法その他いろいろの異論もあろう。しかしポルトガル人が、モルッカ諸島で支配の拠点をテルナーテに置き、名目上だけであっても、ローマ法皇の裁定によってモルッカ諸島がポルトガル領であると公認された、一五二〇年から二九年の時期が、かれらのスパイス支配のゴールデン・エージ（Golden Age 黄金時代）の始まりであったと解したい。そして同じく、このテルナーテ島から退去せねばならないようになった一五七二年前後のころから、黄金時代は下り坂になってゆくが、一五九〇年ごろまでゴアはとにかく繁栄をつづけていたという。しかし一五七九年のオランダの独立、十七世紀初めのイギリスとオランダの二つの東インド会社の設立とアジア進出によって、ポルトガルの勢力は落日の一歩をたどった。一六四〇年にオランダ人にマラッカを占領されてから、インドで余命を保ってはいたが、実質的にはほとんど活力を失っていた。

以上のしだいだとすれば、十六世紀のいつごろから幸田先生が説いたように「スパイスおよびアニマのために」そして「スパイスのためのアニマへ」と変ったのだろうか。

この点について、わが国になじみの深い有名なフランシスコ・ザビエル聖人（一五〇六―一五五二年）の事蹟を思い出してみたい。かれはイグナティウス・ロヨラから、マタイ伝の一節である「人《ひと》全世界を受けるとも、もしそのアニマ（霊魂）を失はばなんの益があろうか」と教えられた。かれはロヨラを中心とする七人の同志の一人に加盟し、一五三四年八月一五日、パリのモンマートル丘の会堂の地下室にかれらと集合して、「貧窮・童貞・巡礼」の三つの誓いを立て、耶蘇（イエズス）会を創立したのであった。この会は、一五四〇年九月にローマ法皇の許可を得たのであるが、当時澎湃《ほうはい》として北部ヨーロッパに起ったルーテル（一四八三—一五四六年）やカルヴァン（一五〇九—一五六四年）の宗教改革運動と対照して見れば、イエズス会はカトリック宗派のなかの、新しい強力なムーブメントであったことがよくわかる。

ポルトガル国王ジョアン三世（一五二一—一五五七年）は、アジア植民地の腐敗に満ちた空気を一新しようという考えで、イエズス会創立者の七名のなかから、二人の篤行者《とっこう》（まじめに努力する人）を協力者として得た。ザビエルとシモン・ロドリゲスの二人であった。こうしてザビエルは、一五四二年五月にインドに到着し、一五五二年一二月に広東入口の上川島で昇天するまで、インド、マラッカ、モルッカ、日本と布教に専念したことは、有名なことである。

ポルトガル国王が、ザビエルを中心とするイエズス会の教師をアジアに派遣したのは、まずアジア駐在のポルトガル軍人と官吏の教化にあった。しかしそれと同時に、アジア原住民に対する教化もあった。ザビエルは一五四九年八月の日本到着以前に、モルッカ諸島を巡回し布教している、ザビエル自身は、イエズス会の本領である布教の念で、聖なる行動以外のなにものでもなかった。だがモルッカでは、あまり効果が上がらなかったとかれは報告している。

すでにイスラムに帰依していたモルッカの原住民にして見れば、新しくキリスト教に改宗することは、かれらの唯一の利益と、それによって得られる生活の安定の源泉であるスパイスを、あげてポルトガル人に渡すことである。ポルトガル当局は、かれらの不足した軍事力では、モルッカの住民を威圧し支配するに足るだけの軍人兵士を派遣することができない。ここにモルッカ布教の意味があろう。だから結果より見ると、ザビエルの布教は、ポルトガルのモルッカ支配強化のための方法（手段）となっている。このようにして、ザビエル自身は意識してなくても、「スパイスのためのアニマ」となっているのである。

以上のように見てゆけば、

㈠　スパイスとアニマを探し求めたことから、

㈡　スパイスとアニマのために、そして後ではスパイスのためのアニマへ、

と変化していったプロセスがよくわかるだろう。㈠と㈡の間には、ニュアンスのちがいどころではない。とくに㈡の後の方となっては、㈠と大きなへだたりがありすぎる。ところが多くの歴史家は、この区別をはっきりさせていない。漠然とあるいはいきなり、最初からアニマとスパイスのためだときめてしまい、ともすれば㈠のほんとうの意味をおろそかにしているようである。

ポルトガル人もインドに到達した初めは、かれらのアジアに対する知識はまだまだ浅かった。おぼろげながらイスラム商人との対決を予想していただろうが、まだ安易な考え方であったようだ。ガマの最初の航海では、スパイスの入手にイスラム商人との対決が先決条件であるとまでは、考えていな

かったようである。ところが一五一〇年のゴア占領までのたった一三年の間に、かれらのインド政策は四つの段階をふんでいる。

一、たんに船舶の往復によって、インド貿易を行なおうとしたとき。

二、陸上の拠点に商館(ファクトリー)をおいて、その防備策を構じたとき。

三、拠点に城塞(フォート)をきずき、軍事力をもって貿易を強行しようと計ったとき。

四、南インドのイスラム勢力に打撃を与え、かれらのペルシアとアラビア間の航海をさまたげ、ヨーロッパーの主産地であるインド南部マラバル海岸の支配を計ったとき。

一五〇九年にインド総督となったアフォンゾ・デ・アルブケルケは、スパイスの今ひとつの宝庫であるモルッカ諸島と、東南アジアから東アジアへ通じるキー・ポイントであったマラッカを占領して、ここを拠点とする。また西はペルシア湾入口のオルムスと、紅海の関門であるアデンを占領しなくては、インド洋の貿易と航海を支配することはできないと考えた。こうしてこそ、ヨーロッパ向けのアジアのスパイスの独占支配が、始めて可能になるというわけである。

このため一五一一年にはマラッカを、一三年にアデンを、そして一五年にはオルムスへと、つぎつぎにかれは占領の手を広げたのであった。アルブケルケにつづくインドのポルトガル人は、数年後には東アフリカから東南アジアの奥地であるモルッカまでをつなぐ広大な海域を、点(城塞)と線(海路)で結び、本国のリスボンと直結したのであった。こうして最初のスパイスとアニマを探し求めることから、次のスパイスとアニマのために、そしてスパイスのためのアニマへと変ったように考えられる。

とにかく一五二〇年のテルナーテ島支配以後のころから、アニマを探し求めることは忘れられたようである。無駄であることがわかってきたのだろう。そしてポルトガルのスパイスを中心とするアジア貿易は、黄金時代に入った。それとともにポルトガル・アジア派遣の、軍人と官吏の堕落が生じる。軍事力の不足も目立ってくる。そうして一五四二年には、ザビエル聖人のインド到達となった。ここにいたって、ポルトガル人のアニマは、かれら自身の教化から、原住民に対する布教となって実行されている。こうなってくれば、もうスパイスのためのアニマである。

前に示した簡単な表は、この間の変化の消息を語ってくれると私は考える。しかしである。たとえ私は、最初のポルトガル人の声明が、スパイスとアニマを探し求めることであったのを明白にしたとしても、次のスパイスとアニマのためといい出された時期の、適確な資料をまだ提出していない。十六世紀のポルトガルのアジア貿易の盛衰を大胆に概観して、私たちに親しみの深いザビエルという高名な聖人の事跡をひとつの目安として、おおまかな推定をして見ただけのことである。従来の単純な漠然とした考え方にメスを入れることはできたようであるが、私のこの所論自体もまだ類推の域を脱していない。

セイロン肉桂（シンナモン）の出現

肉桂《にっけい》と言えばシンナモン（cinnamon）とカッシア（cassia）。そしてシンナモンはセイロン、カッシアは南シナからベトナムにかけての産ときまっている。それからスパイス（香辛料）としてはシンナモン、薬用としてはカッシアに大別されている。（化粧料その他に使用されているが、ここではそれにふれないでおく。）というわけで、歴史の上にシンナモンとカッシアという名が出てくると、多くの人たちは年代上のうつり変りを無視して、古くからシンナモンはセイロン産、カッシアはシナ産だと簡単にきめてしまっている。ところが事実は、はなはだもってそうあっさり割り切ってしまってよいものではない。シナ肉桂（カッシア）のことはしばらくおあずけとして、ここではセイロン肉桂すなわちシンナモンについて見よう。

中世の末以後、そして現在もシンナモンと呼ばれているセイロン島の肉桂については、古代はもちろんのこと、中世の末にいたるまで、東西の両世界にまったく知られていないのは事実である。古代ギリシアとローマのことはいうまでもない。六世紀の東方地理知識の精通者で、とくにセイロン島の事情をくわしく報告したコスマス・インディコプレウステスの地理書にも、七世紀から十三世紀にかけてペルシア・アラビア人の数多い東方旅行記や地理書にも、セイロン島が宝石・真珠・鼈甲《べっこう》・象牙、それからこの島で中継されたインド本土と東アジア各地の商品の産地としてあげられていても、シンナモンを出すとは一言も記されていない。また東アジアの中国にあっても、一世紀の漢代から十三世紀の元代《げん》までの長年代にわたって、史書・地誌・物産博物書その他どれにも、同じような沈黙がセイロンの肉桂について守られている。あの有名なセイロンの肉桂がと、不思議がられるだろうが、事実はそうである。

セイロンのシンナモンについては、ジョワンニ・デ・モンテコルヴィーノがインドからイタリアに送った一二九二年の報告に、胡椒・ジンジャーとともに初めてこう書かれている。

シンナモンの樹《き》は、はなはだ高くなく中位の高さで、樹木の幹と葉は月桂樹（ローレル）に類似し、その外観もほぼ月桂樹に近く、大量にマラバル（インド南部）附近の島から出る。

この島はセイロン島であるとはっきり書いてないが、かれの説明から見て同島にまちがいはないから、セイロンの肉桂に関する最初の報告として認めてよろしい。ところがその後、一三三八年から五三年にかけて東洋を旅行し、とくにセイロン島の果樹類について報告したジョワンニ・デ・マリニョリが、セイロン肉桂についてすこしも言及していないのは、いささか不思議に感じられる。

しかしこのころになると、アラビア人の東方に関する知識と見聞も正確になってきたのだろうか。カスヴィニー（一二〇三—八三年）の『世界誌』は、セイロン島には他で見られないシンナモン、蘇芳《すおう》木《ぼく》（サパン）、白檀（サンタル）、甘松香（ナルドス）、丁子（クローブ）のような香料薬品を出すと言っている。また一二八三年にセイロン島のある君主からエジプトのサルタンにあてて、両国間の交渉を始

める ため送った書信のなかに、貿易品となる物資を列挙して、シンナモンもその中に記されている。この場合、シンナモンがセイロン島に産しないスマトラおよびタイの蘇芳木その他の物品とともにあげられているから、あるいはインド本土や東方アジアの各地から舶載してきたものを、エジプトの商人がこの島で見た商品のひとつとしてあげたものかどうか、一応疑問をはさまねばならない。それはまた前記のカスヴィニーの場合においても同じである。

ところがである。モンテコルヴィーノから約五〇年ほどおくれて親しくセイロン島を訪れた、アラビア人大旅行家イブン・バツータ（一三二五年から五四年にかけて、アフリカ・西南アジア・西トルキスタン・インド・セイロン・東南アジア・中国を旅行した）は、だれでもひとしく認めるようにセイロン肉桂のことを正確に報告している。だから十三世紀の末から十四世紀の初半にかけて、初めてセイロン肉桂は知られるようになったと考えて誤りではない。

イブン・バツータはこういっている。

セイロン島のプッタラム地方（コロンボの北）の全海岸は、シンナモンの樹でおおわれている。シンナモンの樹木は内部の山地から伐り出された材木として急流を流し下され、下流の河岸に積み重ねられている。マラバルとコロマンデルの住民が、それを求めるため土地の国王に珍しい衣服などを贈呈し、そのかわりにただでシンナモン材を島から運び去って行く。

そのころセイロン島の住民はシンナモンの樹木の価値を認めていなかったが、山地から伐り出して海岸の河口に積み上げておけば、対岸のインド本土の人びとが、かれらの欲する珍しい衣服などを持

シンナモン

ってきてくれるから、そうしたまでのことであった。島の一般住民はもちろんのこと、王たちも島内に自生するシンナモン樹の価値をまったく知らなかったのである。

そして十五世紀の前半に東方を旅行したイタリア人ニコロ・デ・コンチは、

セイロン島には非常にたくさんのシンナモンが生育している。枝は横にひろがって繁茂し、葉はローレルに似て、それよりやや大きい。枝の部分は皮が薄くてもっとも上等品であるが幹の部分は皮が厚くて香味は劣る。果実はローレルに似て、香気の高い油が取れ、インド人の間に香油として重宝《ちょうほう》されている。皮をはぎ去った後の材は燃料に供されている。

と正確に報告している。かれよりおくれてまもなくセイロン島を訪れたイェロニモ・ダ・サント・ステファノも、シンナモンの樹木の状態を伝えているが、コンチと同じようにその取り引きにはふれていない。しかし皮をはぎ去った後の材が燃料に供されるだけであるなど、よく事実を伝えている。それから十七世紀後半のイタリア人、ロバート・ノックス（一六六〇年から七九年までセイロン島でオランダ人にとらえられていた）は、セイロン島内のシンナモン樹は自由に伐採することができると報告しているから、このころになっても島民は、シンナモンとしての価値を十分に知っておらなかったようである。またセイロン島の南半分の全海岸近くの山地に、シンナモン樹はあきれるほど多く自生していたのだろうと想像される。いまロバート・ノックスの『セイロン島史』（一六八一年）から、かれの記述を引いて見よう。

他の樹木と同じように森林中に野生している。島民はその価値を知っていない。……シンナモンはその樹皮で、樹上では白色に近い。島民はそれをはぎとり、乾燥して桂皮とする。かれらは小さい木からだけ取っているが、その方が香気がおだやかで、味が強いからである。樹木は匂いがなく、白色でやわらかく、森林中の他の野生材と同じように処理されている。葉は色も厚さもローレルによく似ている。ちがう点は、ローレルは縦文が一つしかないのに、シンナモンには三つあり、それに従って葉が肥大していることである。若葉をつみとってもむと、シンナモンよりクローブの匂いの方が強い。果実は樹皮ほどの香味はないが、水に入れ煮沸すると上部に油が浮く。そして冷却すると白色固形の蠟分のかたまりとなって、非常によい匂いがする。島民は種種の病気の軟膏に用い、あるいはランプの燈火にあてている。

さすがに十七世紀も後半に入ると、シンナモンの葉の特徴と、クローブようの匂いすなわちオイゲノール分を含有すること、それから果実の用途などをヨーロッパ人は知っていた。

さて十四世紀初半のイブン・バッータによって、セイロンのシンナモンの価値を早く知っていた者は、対岸インド本土のマラバルとコロマンデルの人たちであったことが判明する。それではいつごろから、かれらによってセイロンのシンナモンが認められるようになったのだろうか。すくなくとも西南アジアとヨーロッパの西方世界の旅行者たちの、セイロンのシンナモンに関する記述の以前であろう。有名なインド南部のマラバルのシンナモンとカッシアに関するヨーロッパ人の記録は、十二世紀初めのベンジャミン・デ・ツデラが、マラバルのキーロン附近に肉桂を出す風聞を記しているのが最初のようである。ついで十四世紀初半のイブン・バッータは、カリカットとキーロンの間で、海にそそぐ川をさかのぼって肉桂と蘇木の栽培されている地域を通ったといっている。このように西方世界の人びとは、セイロンのシンナモンより約一世紀ほど早くマラバルの肉桂を知っていたのであった。

しかし、これは記録だけのことである。インドにおけるマラバル肉桂の利用は、古代にさかのぼるのは事実であって、早く一世紀代から西方ヨーロッパに転送され、中世のアラビア人によってその優良品がシンナモン、普通品がカッシアとして提供されていたのであった。マラバルでは古くから肉桂樹の根の部分からカンフォル分（竜脳ようのもの）を採取していた。したがって肉桂樹は栽培が拡大されない限り、減少してゆくのは当然であろう。こうしてマラバル地方の優良な肉桂――すなわちシンナモンと認められるもの――がすくなくなって、セイロン島に豊富に自生する肉桂樹に留意するようになったのではあるまいか。インド本土とセイロン島との交通は古代から開けていても、セイロン島のシンナモンの商品としての出現は、インド人自体にとってもそう古いことではなかったのだろう。

十五世紀の前半に、セイロンのシンナモンがマラバルの肉桂より優良であることを、ニコロ・デ・コンチは伝えている。また十六世紀の初めにインドに到達したポルトガル人は、両者の区別をはっきり知っていた。それは当時マラバル地方では、優良な肉桂がほとんど取りつくされていたからだろう。といって、ポルトガル人たちもインドに到達するまでは、優良な肉桂がセイロン島から出ることを、まだよく知っておらなかったらしい。バスコ・ダ・ガマの第一回の航海（一四九七―九年）と第二回の航海（一五〇二―三年）のとき、船隊の一人がセイロン肉桂のカリカット市場に出ているのを見たと報告し、第二回目の航海に加わったトメー・ローペスの報告には、

コーチンから一五〇レグァはなれた富有（物資の豊富）なセイロン島には、どこの国よりも多くの良質のシンナモンを産することを聞いた。

とある。こうしてかれらは、インドに到達すると、すぐにセイロン島のシンナモンを確認したのであった。

これはポルトガル人のインド遠征の目的が、インドの胡椒（ペッパー）、モルッカの丁子（クローブ）と肉荳蔻（ナッツメグ、メース）とともにスパイスの大名物である肉桂（シンナモン）の確保にあったからである。しかし十六世紀の初めまで、セイロンのシンナモンの真相がまだよくヨーロッパ人に知らされていなかったのは、マラバル海岸とペルシア湾入口のオルムスおよび紅海入口のアデンとの、インド洋の通商航海権をにぎっていたイスラム商人の多くが、その原産地をはっきり知っておらなかったからだろう。あるいはかれらが漠然と知っていても、原産地を秘密にして利益をむさぼっていたのであったのかもしれない。

それはともかくとして、以上のように見てゆけば、セイロン島のシンナモンが商品として出現したのは、早くて十三世紀よりすこし前のことであったとしか考えられない。それ以前は、すべてインド本土とくに南部のマラバル肉桂が西方世界に転送されていたのであった。そして十六世紀から十七・八世紀にかけて、ポルトガル人・オランダ人・イギリス人がセイロン島のシンナモンの確保をめぐって、セイロン島の占拠と支配に血みどろの闘争をくりかえすようになって、シンナモンすなわちセイロンであるといわれるようになった。

血であがなわれたセイロンのシンナモン

昭和四二年の夏、私はセイロン島を踏査《とうさ》した。有名なセイロンのシンナモン（肉桂）の実体を知り求めるためであった。

インド南部マラバル海岸の胡椒（ペッパー）とインドネシアのモルッカ諸島の丁子（クローブ）とともに、セイロン島のシンナモン（肉桂）は、スパイスのビッグ・スリーである。中世の末ごろから近世の初めにかけて、セイロン島を訪れた人たちの記録を読むと、本島の西海岸のプッタラム地方から南端のガーレ、マタラ、タンガラ方面まで、海岸からすこし入った丘陵地帯は野生のシンナモン樹でいっぱいであったと書いてある。そして自由に伐採することができた。また南部の海岸にはとくにおびただしく多いとある。

このようなわけで、私はセイロンに行けば、どこでもシンナモンが生育していると気安く考えて出かけたが、実際はそうでなかった。南半分の海岸はほとんどココ・ヤシとゴムの樹林で、山地は紅茶のプランテーションである。シンナモンの盛況は、かつてのことである。私はやっとのことで、本島南端のマタラの町からすこし（自動車で約半日）入った山地で、シンナモンのプランテーションを見つけ出すことができた。そして野生のシンナモンがジャングルに生育していると聞いたが、連日の豪雨のためそれを見つけ出すのは断念するほかなかった。それでもシンナモンの植栽状態と、シンナモンを製造する剝皮《はくひ》や乾燥作業などの実際を見て、私のシンナモンの歴史に関するいろいろの疑問を氷解することができた。

もう夕暮であった。それからセイロン島の最南端にあるガーレの町に入り、ニュー・オリエンタル・ホテルに泊った。名はニューでも、一八六五年に建てた三階建てで英国スタイルの古色蒼然としたものである。

さてガーレの町の中心部は南端に突き出た小さな半島で（岬という方が、あるいは適当かもしれない）その周囲は恐ろしいほど高くて頑丈な石の城壁で全部かこまれている。とくに北の部分は（半島か岬の首になっているところ）二重になった雄大きわまりのない城壁で、外側と内側の城壁の間は騎兵が自由に走れる高台になっている。また城壁の四周のいたるところに、かつては大砲をすえていた要塞《バスチオン》（bastion　稜堡《りょうほう》）のあとがある。それらのバスチオンは、かつてサン（日）、ムーン（月）、スター（星）、ネプチューン（海の女神）その他、優雅な名がつけられていたというが、実際はどうしてどうしてである。日本の古城のように「城、春にして草、青みたり。夏草や兵どもが夢の跡」と叙情詩的に歌えるようなかけらはどこにもない。南端の燈台のあるところからすこし西へあるくと、海岸にそそり立つ城壁が二重になって、その間が空堀《からぼり》になっている。堀は深くて、のぞいただけでもゾッとする。かつてオランダ人がイギリス人を惨殺したところだという。

この深い空堀に投げこまれただけでも死ぬだろう。もし死ななかったとしても、這い上がることは

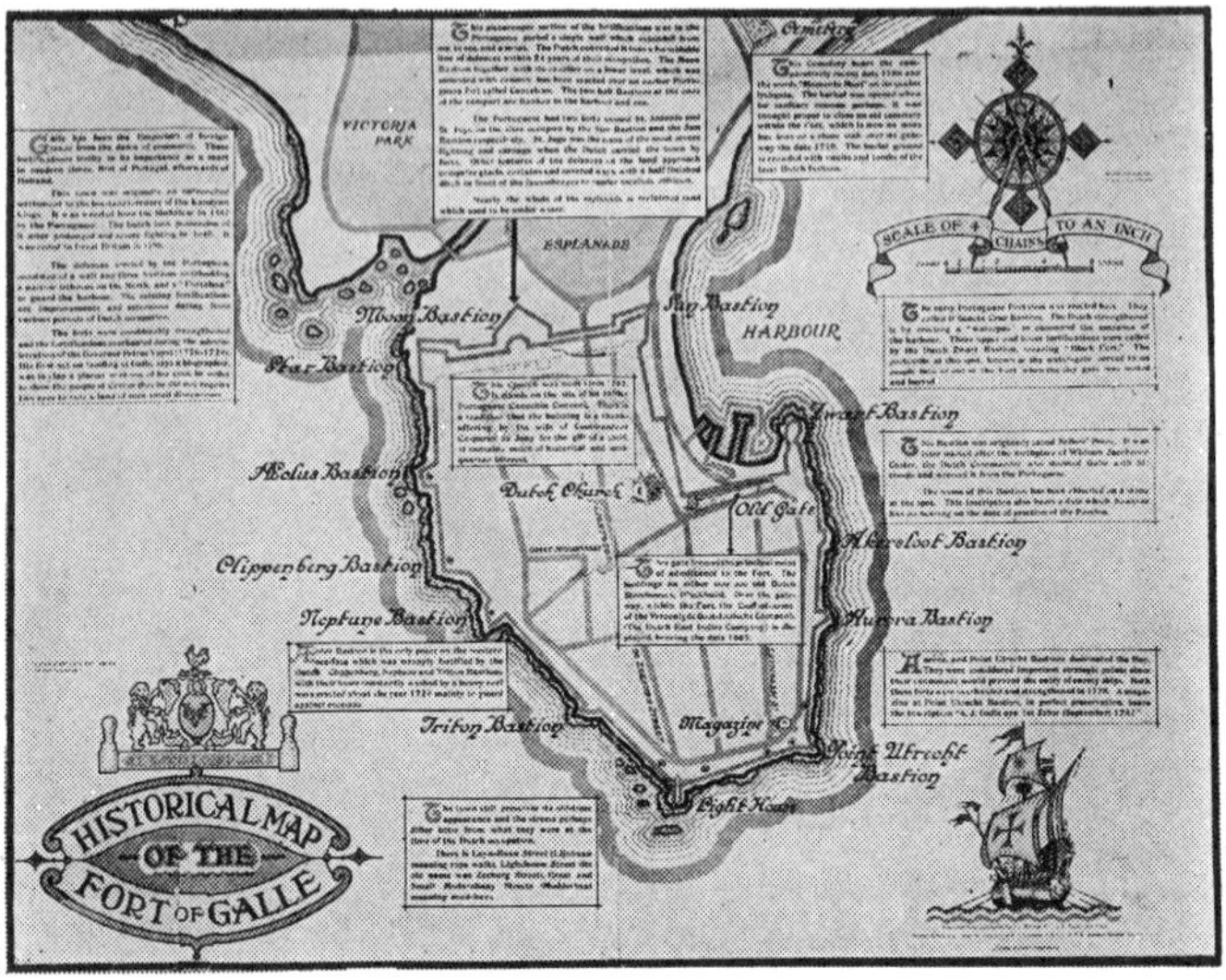

ガーレのフォート・歴史地図

絶対にできない。炎熱の太陽は容赦なく照りつけて、火の地獄となる。熱帯の豪雨は降りそそいで水地獄となる。傷ついてあえぎながら、どれだけの余命があろう。かれらの死体は、むらがるセイロン名物のカラスの餌食となって、かろうじて白骨を残すのみである。凄惨な過去をガーレの城壁はいたるところで語っている。おだやかな夢の跡のかけらは、どこにも見出せない。陰惨そのものである。非情一色といえる。外壁に高いしぶきを上げてうなるインド洋の波の音も、なんとなくもの悲しそうである。（ここにガーレのフォートの古い姿を復原した歴史地図をあげている。よく見てもらいたい。）

一四九八年五月二〇日にバスコ・ダ・ガマは、インド南部マラバル海岸のカリカットの沖に投錨した。かれらポルトガル人の求めたスパイスは、ビッグ・スリーのペッパーとシンナモンそしてクローブである。ペッパーは、かれらが到着したマラバル海岸が主産地である。ガマの船隊の一人は、カリカットのマーケット（市場）に出ている良質のシンナモンが、この海岸の産ではなくて、この海岸地方からそう遠くないセイロン島に、他のどこよりも多く産することを聞いた。かれらポルトガル人が一五〇〇年代に入って、二回・三回とインド遠征を継続するにつれて、マラバルのペッパーの次に支配獲得しなければならないものは、セイロン島のシンナモンである。こうしてインド本土のペッパーの確保から、かれらの追求の目はセイロン島へ向けられてゆく。

セイロン島の西海岸、中部のコロンボを占領したポルトガル人が、シンナモンの樹林のもっとも多い南部の足場として、ガーレに拠点を確保したのが一五八七年であった。この地方の土侯から取りあげ、北部の現在二重になっている頑強雄大な城壁と要塞を建造したという。こうして半島の北の首にあたるところをかため、土民の侵入を防ぎ、かれらはフォートのなかで生活する。それは海岸地帯に野生しているシンナモンを、土民を強制して伐採させ、ガーレの港から積み出すためである。港には本国からきたナオ（大艦船）が碇泊している。ここに一五六五年にポルトガル人、セバスチアン・ローペス描くところの海図にのっている、かれらのナオの絵をかかげておく。よく見てもらいたい。はっきりと帆にクルス（十字架）が大きく描かれている。そして十何門かの大砲が舷側から、あたりを睥睨《へいげい》している。

野生のシンナモンを確保する以前、このナオの大砲とポルトガル兵士の火銃と剣が、土民を使役し

1565年，セバスチアン・ローペスの海図に描かれているポルトガルのナオ（大艦船）

てあの雄大な城壁を築造させたのである。フォートを作るために。ポルトガル人のために。それからまたシンナモンを集荷するために。何千何百の土民の血が流されたことだろう。港にはナオの大砲が、フォートにはバスチオンの大砲が、そして兵士の銃剣がひかえている。レジスタンスは死である。こうしてポルトガル人はシンナモンを確保した。

しかしいつまでもかれらの独占支配は許されない。一六四〇年には、オランダ人がポルトガル人と死闘を重ね、このフォートを奪い取った。ヨーロッパ人同士の流血である。シンナモン確保のためである。オランダ人は占領すると、北部の城壁とバスチオンを強化するとともに、ガーレの半島（というより岬）の周囲全部に今日見られるような城壁とバスチオンをえんえんと張りめぐらし、一段とフォートを強化した。この時もまた土民を使役したのは、もちろんである。無数の土民の血は流された。一六六九年の年号が記されているオランダ東インド会社（略してVOCと記す）の紋章が現在も古い門の入口に残っている。また一七五二年に建造した教会堂が、そのまま残っている。それから一七八七年に建てたと、はっきり刻みこんである石造の倉庫もある（重ねてガーレのフォートの復原図を見てもらいたい）十七世紀の後半から十八世紀にかけて、オランダ人がこのフォートを守り強化して、シンナモンを集荷し独占したのであった。ポルトガル人にシンナモン採集のため強制使役された土民は、また新しいガーレのフォートの主に大砲と銃と剣の下で、黙々と働かされた。レジスタンスは血であり死である。

おごる平家は久しからず。オランダ人を追ってやってきたのが、十八世紀末のイギリス人である。前に私は南端の燈台に近いところに、オランダ人がイギリス人を虐殺した空堀のあることを語ったのは、その時のことであった。そして一七九六年には、イギリス人がここを占領してしまった。ふたたびヨーロッパ人同士の血が流され、十九世紀以降はイギリス人の支配によって、土民の上に強圧がつづけられ、幾多無数の血が流されただろう。

このように十六世紀の八〇年代から、人間の尊い血であがなわれたセイロン島のシンナモンは、野生の樹を見出さないまでに完全に取りつくされてしまった。すくなくとも十九世紀の前半までに。それからはイギリス人のプランテーションとなったのである。それも土民の労働力を極端なまでに搾取してである。

ベニスの喉頸をしめているマラッカの王

Whoever is lord of Malacca has his hand on the throat of Venice.

これは十六世紀の初めにマレイ半島のマラッカから、本国のポルトガルに報告を書き送ったトメ・ピレスの報告中の有名な文句である。なぜであろうか。

十五世紀の初めにマレイ半島のマラッカを拠点として独立したマラッカ王国は、やがてまもなく王も臣下もイスラム教に帰依し、王はサルタン（イスラム教国の君主）なになにと称し、一五一一年八月にポルトガル人に占領されるまで、約一世紀のあいだ東南アジア通商のキー・ポイントを支配して、東西両洋の通商貿易による莫大な利潤を独占していたイスラム王国であった。シナのジャンク、東南アジア諸国の船、インドの船、ペルシアとアラビアの船、そして各国の商人と商品が、冬と夏のモンスーンの交替を待つ港として集まり、「マラッカの偉大なことと利益のあることは、はかり知れないものがある。……世界のどこの都市よりも充実した、あらゆる商品の交易都市であった。」（トメ・ピレス）だから、マラッカの最後のサルタンは「自分だけが世界を破壊するために充分な力を持っており、全世界はマラッカが季節風の吹き終る所に位置しているために、その港を必要としており、またマラッカのためにメッカを作らねばならない。」（トメ・ピレス）と豪語したという。

オーメンの東南アジア地図（16世紀）

十五世紀のマラッカの繁栄の盛大であったこと。東西通商の要衝であること。「マラッカはモンスーンの終点にあって、大小無数のジャンクと船が出入し、みな税金を支払う。税金を負担しない者は献上品をさし出しているが、性質は同じである。マラッカの王は、出入するすべての船舶から分配を得ているのだから、かれの収入は莫大な金額に達する。かれが巨大な富をようしているのは疑いのない事実である。」（トメ・ピレス）それはそれでよろしい。しかしなんではるか西のイタリアの、代表的な東方との貿易都市であったベニスの死命を制する力を、マラッカは持っていたのだろうか。

ここに十六世紀のなかばごろ描かれたディエゴ・オーメンの、マラッカを中心とする東南アジアの地図をかかげている。よく見られたい。マレイ半島、スマトラ島（Samatra)、ジャワ島（Java Major)、ボルネオ島（Borneo）そしてモルッカ諸島（Malucos）の、ヨーロッパ人に知られた部分だけを示している。しかしマルッコス（モルッカ）という字が特筆大書されている。かれらヨーロッパ人の関心が、この諸島にあったことをよく示すものである。

この諸島は、別名をスパイス・アイランド（Spice Islands）と称した丁子と肉荳蔻の唯一の原産地であった。すくなくとも、十八世紀の末ごろ、東アフリカ沿岸のザンジバルとマダガスカルその他の島々に丁子が移植されるまで、丁子と肉荳蔻はモルッカ諸島以外には、他のどこにも絶対に産出しなかった。この二つのスパイスは、原産地のモルッカ諸島からジャバ人・マレイ人などによってマラッカに運送され、そこでインドやイスラム商人の手にわたり、かれらによってインド経由で中近東やエジプトに転送され、ベニスに輸入されていたのであった。もしマラッカのサルタンが、モルッカの丁子と肉荳蔻の西方インド（とヨーロッパ）への転送を許可しなかったら、この二つのスパイスは絶対にベニスまでとどかない。だからこの二つのスパイスの中継ぎを支配していたマラッカのサルタンは、ベニスの死命を制しているというわけである。

しかしである。もしベニスにこの二つのスパイスが輸入されなかったら、なんでベニスの東方貿易はデッド・ロック（dead lock 致命的）になるのだろう。問題点はここにある。

十四、五世紀のヨーロッパでは、日常生活の飲食品に味と匂いと刺激を与え食欲を増すものとして、南アジアのスパイスがなくてはならないものとなっていた。北ヨーロッパの海でとれるサケ・マス・タラ・ニシンその他を塩乾にした魚類、牛や羊そして種々の野鳥類などの塩漬け、それからオリーブ油と動物性の油脂を主体とするかれらの調理にとって、南アジアのスパイスがなければ食欲がすすまない。いや食べられない。といえば大げさに聞えるが、実際はそうである。そしてかれらの求めるアジアのスパイスは、インドのペッパーとセイロンのシンナモン、それから遠くモルッカのクローブとナッツメグであった。インドのペッパーとセイロンのシンナモンは、インドから高価でもとにかく手に入る。しかしモルッカのナッツメグとクローブは、マラッカを経由しないでは絶対にインドへ、そして遠くベニスまでとどかない。

ベニス（ミューレンベルグのカブリエル・ムッフェル画　1465）

しかしばかりが多いが、さらに皆さんはいうだろう。スパイスとしてインドのペッパーとセイロンのシンナモンがあれば、それでよいのではないかと。生きてゆくことだけなら、リクツではそうだろうが、そうゆかないところに人間の嗜好の問題がある。クローブとナッツメグがないと満足できない。一度その効能を知ったら、ないとやりきれない。だから法外な高い値段でも買わざるを得ない。したがって、そのころのヨーロッパの唯一の輸入港であったベニスの巨大な利益は、インドからのペッパーとシンナモン以上に、クローブとナッツメグからであった。この二つの輸入がストップすると、ベニスの東方からの輸入貿易の利益は半減する。まさにデッド・ロックでなくてなんであろう。

そこで私は、クローブとナッツメグのスパイスとしての特徴を簡単に示そう。

クローブ	催淫媚薬	強壮剤	防腐力(最大)	駆風、胃病、消化 食欲増進
ナッツメグ	〃	〃	腐敗の進行をおくらせる	〃 〃

医薬上の効能としては、ざっとこんなもの。ペッパーとシンナモン以上に、クローブは殺菌力が強く、防腐力が最大である。臭い鼻もちのならない塩乾魚と牛肉・羊肉・鳥肉の塩ものなど、クローブがないとくさって食べられない。それからクローブには、鹹味と甘味とのどちらにも調和する熱性の特有な辛さと臭さと匂いがある。さて食品の味は新鮮なものはもちろんよろしいにきまっているが、ものによってはくさる一歩手前のときが味は最高である。牛肉などは後者であろう。魚類にもこんなものがずいぶんある。そうすると、味の一番よい時、くさる一歩手前のところまで、食品をもたせてくれるものが必要である。単に塩などでは満足されない。そしてその時の味をいっそううまくするも

のでなければならない。日本旧来の飲食品と完全にちがうヨーロッパの食卓に思いをよせてもらいたい。

ナッツメグは、防腐力はクローブにおとるが、甘いチョコレート・バニラ・カカオなどの舌のとろけるような匂いと味が出現する以前の時代にあっては、このスタイルの匂いと味を出す唯一のスパイスであった。皆さん、現在の私たちの食生活から、チョコレート・カカオ（ココア）・バニラなどがまったくなかったら、私たちはなんとドライに感じることだろう。それがなくてはすまされない。ここに十四・五世紀のヨーロッパ人にとって、ナッツメグは偉大な存在であった。

どちらも媚薬的な効能がある。性的なモチーフ (motive) が強い。活力 (vital energies) を増し進めてくれる。とくに丁子の匂いは、男女両性をうっとりさせて、両性の心と肉体を夢幻の境にさそいこむ。今はその昔、日本の女性の髪のマゲのビンツケがクローブの匂いを主体としたものであった。紅燈の枕もとにゆらぐ、かの女の切ない匂いである。ただし昔は、男も女もマゲをゆっていたから、両性のどちらにも必要な匂いであった。この丁子油の主成分はオイゲノールで、これを化学工業で反応操作すると、甘い甘い匂いのワニリン（ワニラ）という香料になる。それは現代のこと。昔はこのような匂いは、ナッツメグで代表されていた。

さて二つとも胃病、とくに消化剤としてもっともよろしい。だから食欲を増進させてくれる。現在のマス・コミにちょっと気をつけていただきたい。胃の薬、消化剤などのなんと多いことだろう。これは、今も昔も変りはなかったろう。それにはクローブとナッツメグが、もっともよくきくと信じられていた。飲食物の味と匂いと刺激を増し深め、防腐力があって胃によろしい。強壮になることまちがいない。そして催淫的な効果まで、てきめんだという。クローブとナッツメグさまざまである。

このように見てゆき、わかってこそ、初めて、ヨーロッパ人がモルッカのクローブとナッツメグを強烈に求めたことがよくわかるだろう。十六世紀にインドに到達したポルトガル人は、ベニスの死命を制するというマラッカを一五一一年に占領し、早速モルッカに遠征している。中継の拠点だけでは満足しない。本家をねらったのである。そのあとからマゼランがアメリカ大陸を迂回し太平洋を横断して、その船隊がモルッカにやってくる。十六世紀の同じイベリア半島の二大強国であるスペインとポルトガルは、モルッカの領有をめぐって対立する。それから十七世紀にジャバにやってきたオランダとイギリスは、スペインとポルトガルを追いのけ、北ヨーロッパの両国は、モルッカの支配をめぐって血みどろの闘争をくりひろげる。それに日本人がイギリスとオランダ双方の傭兵となって、ともにたたかい、ともにきずつき殺される。有名なアンボイナの虐殺事件である。

それらのすべては、クローブとナッツメグの支配のためであった。人間の嗜好というものはおそろしいものである。

世界はまるいことを証明してくれたモルッカのスパイス

まず次の簡単な年表を見てもらいたい。（葡はポルトガル、西はスペインの略）

一四八八年二月　バルトロメウ・ディアス、喜望峰を発見（葡）
一四九二年一〇月　コロンブスのアメリカ発見（西）
一四九三年九月↓九六年六月　コロンブスの第二回航海（西）
一四九八年五月　バスコ・ダ・ガマ、インドのカリカット到着（葡）
一四九八年五月↓一五〇〇年一一月　コロンブスの第三回航海（西）
一五〇〇年四月　ペトロ・アルバレス・デ・カブラルのブラジル海岸発見（葡）
一五〇一―二年　アメリゴ・ベスプッチ、南米のブラジルとアルゼンチンの海岸を発見（葡）
一五〇二年五月↓四年一一月　コロンブスの第四回航海（西）
一五〇五年　フランシスコ・アルメイダ、インド総督となる。葡のインド経営始まる。（葡）
一五一〇年　アフォンゾ・アルブケルケ、インドのゴアを占領。アジア経営の中心地とする。（葡）
一五一一年一〇月　アルブケルケ、マレイ半島のマラッカを占領。東南アジアの根拠地とする。（葡）
同年一二月、三隻の船隊をモルッカ諸島に派遣。途中バンダ諸島で一隻難破。二隻は一二年にマラッカに帰る。船隊の一人、フランシスコ・セラウン、モルッカ諸島のテルナーテ島にいたり、王と修交をむすんで最初の足場をきずく。（葡）

一五一三年九月　バスコ・ヌニエス・バルボア、太平洋を発見（西）
一五一七年　マゼラン、モルッカ諸島の情報を入手。
一五一九年九月　マゼラン、五隻の船隊をもって西国のサン・ルカル出帆。一二月リオ・デ・ジャネイロ着（西）
一五二〇年一一月　葡人モルッカ諸島のテルナーテ島にフォートをきずく。（葡）
一五二〇年一一月　マゼラン、南米を迂回して太平洋に入る。船隊は三隻（西）
一五二一年四月　マゼラン、フィリッピン群島のセブ島にいたる。四月二六日殺害される。（西）
一五二一年一一月　マゼラン船隊の二隻、モルッカ諸島のチドール島に達す。（西）
一五二一年一二月下旬　マゼラン船隊の一隻、チドール島からチモール島にいたり（一五二二年一月）、一路インド洋を喜望峰に向って横断し、一五二二年九月本国に帰り、世界一周初めて成る。（西）

これは、十五世紀末から十六世紀の二〇年代にかけてスペインとポルトガル両国が、前者は西に向って大西洋からアメリカ大陸そして太平洋へ、後者は東を指してアフリカ大陸を迂回してインドそして東南アジアへと、たがいに新航路の発見を争い、ついにマゼラン船隊の世界一周を実現するまでの略年表である。

イベリア半島の新興国であるポルトガル（一〇九五年独立）とスペイン（一四七九年成立）は、長年代のイスラム勢力に対するレジスタンスから生まれた国であった。かれらの念願は、かれらの信奉するカトリシズムの弘布と、有利なアジア貿易の支配にあった。アニマすなわち霊魂は、神の福音をひろめることである。そのための費用と国力の充実のために、まず金を獲得しなければならない。そして有利なアジア貿易は、インドを中心とする南アジアのスパイスの、ヨーロッパ向け輸出を支配し独占することにある。

ポルトガルは一四一五年に、イスラムの根拠地である地中海入口の北アフリカのセウタを占領してから、八八年のディアスの喜望峰の発見まで、執拗にアフリカの西海岸を南下する努力をつづけた。それはアニマと金のためであった。そして九八年のガマのインド到達は、アジアのスパイス支配の第一歩であった。ポルトガル国王が、ガマに与えた使命は、アジアのキリスト教国であると想像されるプレスター・ヨハネの国の発見と、インドのスパイスの獲得であった。プレスター・ヨハネの国とは、東方世界にあるキリスト教国という伝説上の存在であったが、これは同時にアニマの弘布である。そして西アフリカの海岸で金を手に入れたかれらにとって、残るものはインドのスパイスであった。

かれらの求めたスパイスは、インドのペッパーとセイロンのシンナモン、それからインドネシアのもっとも奥地にあるモルッカ諸島だけに産したクローブとナッツメグである。これは十五世紀のヨーロッパ人の食生活に、また薬品として、欠くことのできないもので、当時はもはや単なる嗜好品以上の存在で、かれらの生命を維持し活力（ビタ）を増進するための必需品であった。

一五一〇年にインドのゴアをアジア経営の中心と定め、南インドのペッパーとセイロン島のシンナモンの獲得にまず成功した。次に考えなければならないのは、クローブとナッツメグである。クローブは殺菌力と防腐力が特に強く、甘いと辛いと、どちらの料理にもよく適し、特異な熱性の辛さと興奮は、媚薬的な効果をさえ持っている。ナッツメグは、ココアやチョコレート、コーヒーなどの味覚を知る以前のヨーロッパ人にとって、それにかわる唯一のものである。そして胃の薬としての効能が大きい。だからクローブとナッツメグは、ペッパーとシンナモン以上に熱望されたが、それは東南アジアのもっとも奥地のモルッカ諸島以外には、他のどこにも決して産出しないから極めて高価で、なかなか手に入りがたい。

なんとしてもモルッカに到達しなければならない。それがためには、まず東南アジアにおけるスパイス交易の中心地である、マレイ半島のマラッカを占領する必要がある。マラッカはイスラム王国であった。ここの王が、モルッカのスパイスを西方へ転送することをこばめば、ヨーロッパまで絶対にとどかない。だからマラッカのサルタンは、西方イタリアのベニスののど首をしめつけることができるとさえ言われていた。

一五一一年一〇月に、ポルトガル第二代のインド総督アルブケルケは、マラッカを強奪し占領したが、かれは同年の一二月に早速三隻のモルッカ遠征隊を出した。この船隊は、モルッカ諸島の入口であるアンボンとバンダ諸島附近で一隻を失い、モルッカまではゆけなかったが、幸い二隻はモルッカのスパイスを積んでマラッカへ帰った。そして難破した一隻の船に乗り組んでいたフランシスコ・セラウンという人物が、モルッカ諸島の丁子の産出地であるテルナーテ島にたどりついた。かれはこの島の王(サルタン)の信任を博して、モルッカにおけるポルトガル人の最初の足場を作ることに成功した。そして一五二〇年代には、テルナーテにかれらはフォートをきずき、モルッカのスパイスの支配にかかろうとした。

こうしてポルトガル人は、

（本国）リスボン——喜望峰——（東アフリカ）モザンビック——（インド）ゴア——マラッカ——モルッカ

とラインを結んで、アジア海上通商の大目的は、ほぼ完成したのであるが、それはスパイスのためにほかならなかった。

他方スペインの海外発展は、一四九二年のコロンブスのアメリカ発見以後、もっぱら西方に向けられていた。世界が球形であることは、古典ギリシア時代からそう信じられ、天文学者や地理学者のあいだでは定説であった。ヨーロッパ中世のキリスト教神学に支配されていた時代でも、地球がまるいことは一部の学者たちには否定されていない。一四八八年にディアスが喜望峰を発見して、いよいよポルトガルがインドへ到達する日の近づいたことを知ったスペインは、西まわりでアジア（インド）へ到達しようと考えていた。世界が球形であれば、東西どちらに向って進んでも、南アジアのスパイスの産地に達するはずである。こんなわけで、コロンブスの大西洋を西へ航海する計画は、スペインの王室を動かした。コロンブスの目的は、黄金のジパングと南アジアのスパイスであった。そしてかれとスペイン王室の熱烈なカトリシズムは、アニマを忘れてはいない。しかしコロンブスは、地球を約三分の一ほど小さく見つもって太平洋の存在を考えていなかったから、黄金の島ジパングもスパイス・アイランドも発見できなかった。

一方、ポルトガルは、アフリカ周航の目的から意外にも大西洋の南部を横断して南アメリカのブラジルを発見したが、かれらの求める金もスパイスもなく、南アメリカの経営にあまり熱意を示さず、一意インドから東南アジアへと南アジアのスパイス獲得に専念した。

スペインは中南米の支配に専念して、アニマと黄金のために狂奔し、やがてメキシコの豊富な銀の獲得に熱狂したのであるが、南アジアのスパイス、とくにモルッカ諸島のスパイスのことをまったく忘れていたのではない。

マゼランは元来、ポルトガルの軍人である。一五〇五年にポルトガルのアジア派遣の軍人となり、一五〇八—九年のポルトガルの第一回マラッカ遠征に従軍している。しかし一五一〇年のゴア攻撃に総督アルブケルケと意見が衝突して帰国し、一五一四年に引退して航海術の研究に没頭していたという。かれはポルトガル人として、最初にモルッカのテルナーテに達したセラウンと親友であった。セラウンはマゼランにあてて、モルッカ諸島の詳細な情報を書き送った。マゼランがその手紙を受け取ったのは、一五一七年のことで、かれはそれをもととして大西洋からアメリカ大陸をまわってモルッカへいたろうと考えた。

マゼランの航海に参加して全行程の記録を残してくれたピガフェッタは、マゼラン海峡の発見について、「提督（マゼラン）は……あの卓越した世界地誌学者マルティン・ベハイムが作成した地図を見たことがあり、それによってあるひじょうに狭い海峡を通って航行すべきことを知っていた」と記している。一四九二年に作製されたマルティンの世界地図を見ると、インドの東がわが内海になっており、それをつつむように、大きな半島が南にむかってつき出して、赤道を越え、はるかに南回帰線にまで至っているが、その南端に接して、想像上の島セイランが存在し、細い海峡がその間に形成されている。この大半島は、もともとアレクサンドリアのギリシア人地理学者プトレマイオスが、紀元二世紀に作製した地図に早く示されたものである。一説によると、プトレマイオスは、マレイ半島の存在を漠然と察知していたのだと言われるが、マラッカの攻略に参加して、そのあたりの地理を知っていたマゼランは、マレイ半島が赤道にすら達しないことをよく知っていた。だから、マレイ半島の東がわに、古来有名なアジアの大半島が突出し、それとマレイ半島によってかこまれた、いわゆる「大きな湾(シヌス・マグヌス)」の中にモルッカ諸島があり、マルティンの示す大半島南端の海峡を通過することによって、そこにすみやかに到達できると想像したのである。つまりかれはまだ太平洋をひとつの湾、あるいはせいぜい大きな内海ぐらいに考えて、航海の計画を立てたのであった。

すでに東からモルッカに到達できたポルトガルが、マゼランの新しい計画を受け入れるはずはない。スペイン王室を説得してOKを取るほかない。黄金(銀)とアニマに熱中しているスペイン王室にも、スパイスの熱はまだあったから、マゼランの計画を承諾したのである。しかしその成功に大した期待をかけていたのではなかった。あわよくばぐらいのことである。だからスペイン王室がかれに提供した船隊は、一二〇トンから七五トンまでの中古船五隻で、スペイン・ポルトガルその他の国人二七〇名(あるいは二八〇名)をよせ集めた、世界一周の船隊としてはお粗末そのものであった。

マゼランは、この貧弱きわまる船隊をひきいて一五一九年九月にサン・ルカルを出帆、ブラジルとアルゼンチンの海岸、未知のマゼラン海峡で難渋きわめ、翌二〇年一一月ようやく太平洋に入ることができた。それからがことである。アメリカ南端の海峡を通過すればしめたものと考えていた誤算がはっきり出てくる。広大な未知の太平洋の航海は言語に絶するものがあった。ピガフェッタにそのことを聞いて見よう。

一五二〇年一一月二八日に、われわれはあの海峡からぬけ出て、太平洋のまっただ中へ突入した。三ヵ月と二〇日のあいだ新鮮な食べものはなにひとつ口にしなかった。ビスケットを食べていたが、これはビスケットというよりはむしろ粉くずで、虫がうじゃうじゃとわいており、いいところはみな虫に食いあらされていた。そして、鼠の小便のにおいがむっと鼻につくようなしろものだった。日数がたちすぎて腐敗し、黄色くなった水を飲んだ。また主帆柱の帆桁《ほけた》に張りつけてあった牛の皮さえも食べた。この皮は帆桁が綱を磨損させないように張ったもので、日光と雨と風にさらされてこちこちに固くなっていた。その皮をまず海水に四・五日つけておいて、そのあとですこし火であぶって食べた。それからまたわれわれは鋸屑《おがくず》もしばしば食べた。鼠は一匹につき半ドゥカート（昔の金貨）の値段がつけられ、しかもなかなか手にはいらなかった。しかしながらあらゆる苦労にもまして、最悪の事態というのはこうである。何人かの隊員の歯茎が歯まで腫れてきて――それは上歯も下歯も同じことだが――どうしても物を食べることができなくなり、この病気で死ぬものが生じたのである。一九人の隊員とあの巨人のインディオも死んでしまった。さらに二五人から三〇人ほどの隊員も、あるものは腕が、またあるものは脚だとかその他のところが病気となり、こうして健康なものはわずかしかいなくなった。

三ヵ月と二〇日のあいだ太平洋（マール・パチフィコ）をひとすじに、およそ四千レーガ（約二二、四〇〇キロ）にわたって航海した。まことにこの海は太平であって、この長いあいだ一度も暴風雨に出会わなかったのは幸運であった。しかし陸地はまったく見えず、心細い限りであったとピガソェッタはいう。こうしてようやくフィリッピンのセブ島についてほっとしたのが一五二一年の四月であった。

目的とするモルッカはもう近い。しかしここでマゼランは、スパイスとともにスペイン本来の使命であるアニマを忘れていない。セブ島を中心に各地のサルタンをカトリシズムに改宗させ、スペイン国王の栄光を示すことを怠らなかった。そのため、一部の改宗しないサルタンを攻撃し、かれはセブ島で一五二一年四月二六日に戦死した。「アニマとスパイスのために」である。

> 敵の襲撃はあまりにものすごく、一本の毒矢が提督の右脚に突きささった。それで提督はわれわれにすこしずつ退却することを命じた。すると大方のものが算を乱して敗走し、わずか六人か八人のものが提督のそばにふみとどまったに過ぎなかった。
>
> ……敵はどの人が提督であるかを知ってかれに攻撃を集中し、そのため冑が二度もはねとばされた。しかし提督は立派な騎士として雄々しく振舞った。こうしてわれわれは数人の同志と一時間あまりたたかった。もはや退却しようとしなかったが、その時ひとりのインディオが提督の顔面めがけて竹槍を投げつけた。一瞬、提督は自分の槍でその相手を突き殺した。提督はその槍を敵のからだに突き刺したままにし、剣の柄《つか》に手をかけた。しかし半分しか抜くことができなかった。肘《ひじ》のあたりを竹槍で刺されていたからだ。これをみると敵は全員提督に襲いかかり、一人の敵兵が広刃刀で提督の左脚に切りつけた。提督はうつぶせに倒れた。敵は鉄の槍と竹の槍と広刃刀（この刀はイスラム教徒の新月刀に似ているが、もっと大きい）をいっせいに提督に浴びせかけ、かくてついに、われわれの明鏡、われわれの光明、われわれの慰藉《いしゃ》、われわれの無二の指導者はついに息が絶えた。

マゼランの最後を語るピガフェッタの名文である。そして提督のひととなりを記している。

> このような高潔な人士の誉れが、このわれわれの時代に消えさることのないように、という願いを私（ピガフェッタ）は閣下に披瀝《ひれき》するしだいである。この人物のいろいろな徳性のなかでもとりわけ、あの艱難辛苦の

ときを通じて、かれは世のなんびとよりも沈着であり、なんびとよりも飢餓に耐え、そして世のなんびとよりも海図についての知識をもち、航海術に熟達していた。これが事実であることは明らかに見られるとおりだ。なぜなら、他のなんびとも世界を周航するなどという才智も勇気もなかったのであり、提督こそこれをほとんど実現した人物だからである。

まことにそのとおりである。マゼランが戦死した時、最初の五隻は二隻しか残っていなかった。乗組員も初めの二七〇人から一五〇人ぐらいに減少していた。二隻の船がボルネオ北部のブルネイから、あこがれのスパイス・アイランドであるモルッカのチドールに着いたのは一五二一年一一月八日であった。神に感謝をささげ、欣喜雀躍して全門の大砲をとどろかせ有頂天になったとしても、なんら不思議なことはない。二七ヵ月をついやしてきたのである。ここでは歓迎された。それは、当時チドールの王はテルナーテの王と対立して、互いにモルッカの覇権を争っていたからである。テルナーテ王の背後にはポルトガルがあったから、マゼラン船隊のチドール到着は、

チドール（スペイン）↑対↓テルナーテ（ポルトガル）

という関係になった。はるか世界のもっともはしにあると考えられていた群島の、二つの代表的な小島の対立は、東西両方面からスパイスをねらうスペイン・ポルトガルという二大強国の紛争の発火点となった。今も昔も変りなしであろう。

ここでマゼラン船隊の人びとが直接に目でたしかめたクローブとナッツメグのことをピガフェッタに聞こう。

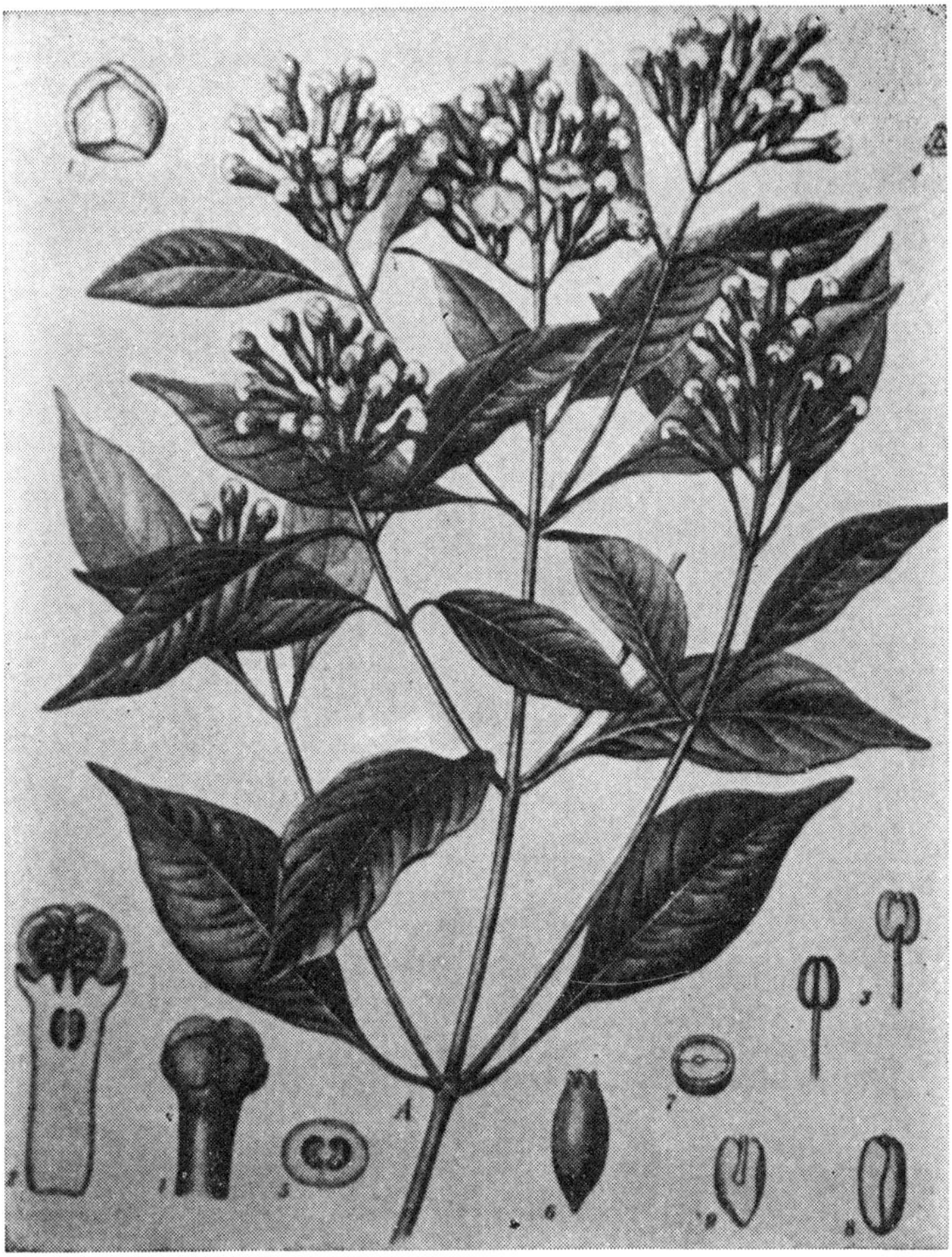

丁　子（クローブ）

丁子の木は丈が高く、太さはだいたい人間のからだと同じくらいになる。枝は幹の中ほどでいくぶんまばらであるが、樹頭では密生して円錐形をなしている。葉は月桂樹の葉と似ている。樹皮はオリーブ色をしている。枝の先端に一〇個から二〇個のひとかたまりの実を結ぶ。この木は季節によって、こちら側よりもあちら側に多く、というように実を結ぶ。丁子の実は、最初は白く、熟してくると赤く、乾くと黒くなる。一年に二回収穫がある。一度はわれわれの救世主の降誕祭のころであり、もう一度は洗礼者ヨハネの誕生祭のころである。この地方ではこの二つの時期がいちばん気候が快適なのだ。とりわけ、われわれの救世主の降誕祭のころがよろしい。気温が高くそして雨量がすくない年には、これらの島のおのおので三〇〇バハルないし四〇〇バハルの収穫がある。丁子は山地にだけ生育し、平野部では植えつけても、たとえそれが山地の近くであっても枯れてしまう。丁子は葉も樹皮も生木も、実と同様に香気が強い。実は熟したときに採取しないと、あまり大きくそして堅くなりすぎて、皮の部分しか役に立たなくなる。世界中でここの五つの島の五つの山のほかには丁子を産出しない。ただし例外としてジャイロロ島と、それからマレ島といってチドール島とムティル島のあいだにある小さな島で若干産出する。ただしその丁子は品質がおとる。ほとんど毎日霧がおりてきてこれらの山をひとつずつ閉じこめ、そのため丁子の味が完全なものになるのである。ここの住民たちは、だれも丁子の木を所有しており、そして各自が見張りをするのであるが、しかしわざわざ栽培するわけではない。

肉荳蔻の木の幹は、ヨーロッパの胡桃《くるみ》に似ている。葉も同様である。実は採取するころには、マルメロの実の小さいのに似ていて、繊毛が生えており、色も同じである。いちばんそとの皮は胡桃の皮ほどの厚みである。その下に薄い膜があり、膜の下に真赤な核（メース）がある。これが種子の殻を包み、その核の中に肉荳蔻（ナッツメグ）という種子がはいっているのである。

さて二隻の船隊のうちチドール到着後、一隻は役にたたなくなりかろうじて残った最後の一隻にクローブを満載し、デル・カノが指揮をとってチドールを一五二一年一二月一一日に出帆した。スペイ

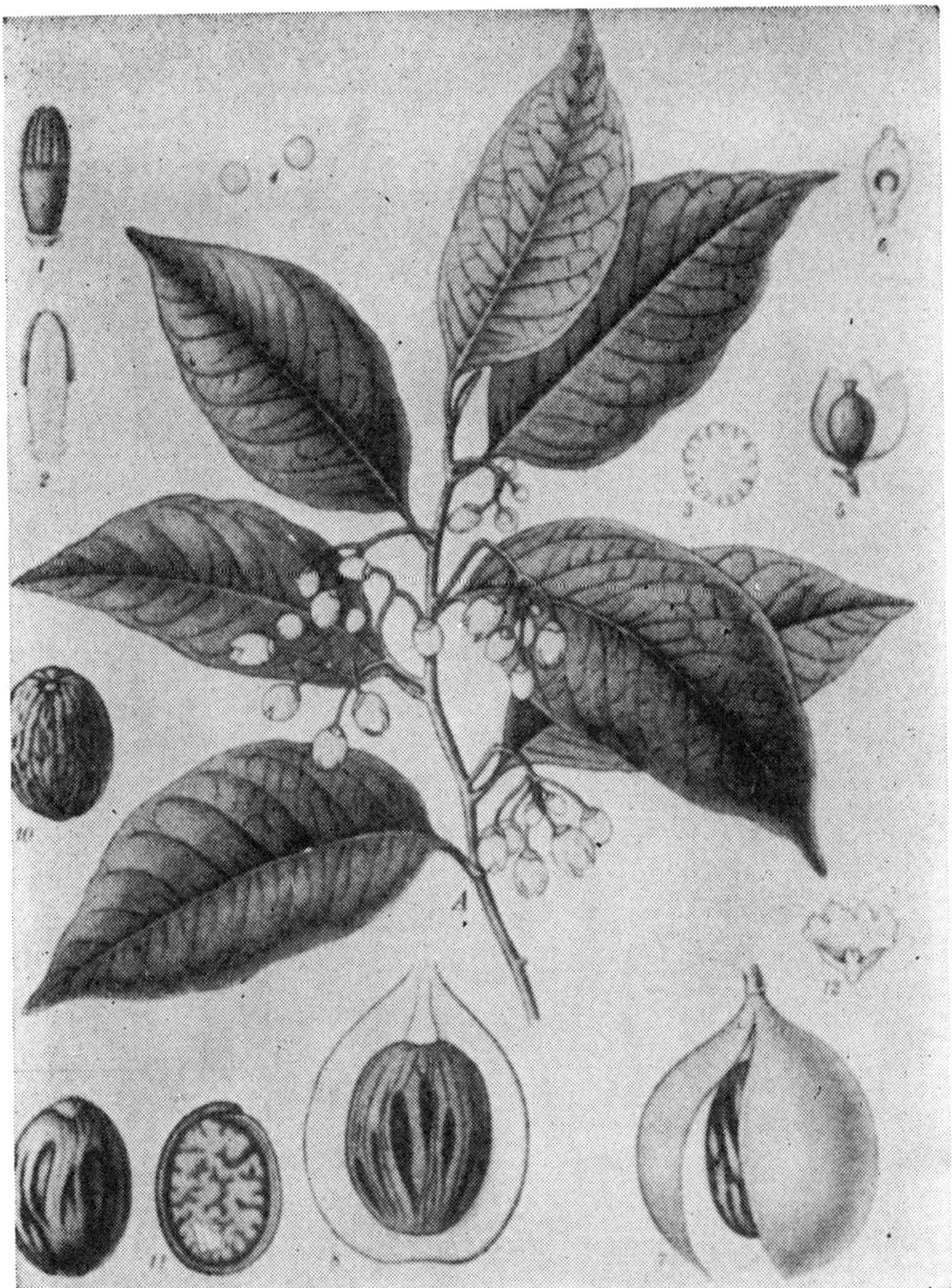

ナッツメグとメース

ンへ早く帰着するため昼夜を問わず航海しなければならないからである。ところがアジア（インド）海上を支配していたポルトガルが、マゼラン船隊を捕獲しようと計画していることを耳にした。それでマラッカ・インド・東アフリカのポルトガルの根拠地をさけ、チモール島から（一五二二年二月一一日）直接アフリカの南端に向って一路インド洋を横断し、喜望峰にもたちよれず、大西洋に出て一五二二年九月六日サン・ルカルの港に入った。その時の乗組員はわずかに一八人、九〇トンの小舟であった。大胆きわまる航海である。

世界はまるい。古典ギリシア時代からそう信じられていた。しかしそれを実際に証明したのは、アニマとスパイスのために航海したマゼランの船隊であった。大平洋の広大なことを予測していなかったから、マゼランは実行にふみきったのだろう。それにしても、あまりに道は遠く言語に絶する困苦が重なり合っていた。すべてはスパイスのためであると言っても過言ではない。スペイン当局にとって、世界一周という地理学上の画期的な功績と、広大な大平洋の発見という事実よりも、西まわりでスパイスのモルッカに到達することができたという方が、はるかに重大な発見であり事実であった。これはひとりスペインばかりでなく、当時のヨーロッパ人にとって同じであったろう。

いたずらに赤きを誇る唐辛子

寛永一三（一六三六）年の鎖国令と、キリスト教は絶対に許さないという禁教令がしかれるまでの一世紀たらずのあいだは、日本におけるキリスト教時代（Christian Century in Japan.）であった。一五四九年八月、鹿児島に上陸したフランシスコ・ザビエル上人の伝道に始まって、天正年間（一五七三―九一年）には、九州のキリシタン大名であった大友（大分県、豊後《ぶんご》）、大村（長崎県）、有馬《ありま》（長崎県、島原）の三侯から、三人の美少年が正式の日本のキリスト教徒の使節としてローマに派遣された（天正一〇―一五八二年二月、長崎出帆）。かれらはローマ法王に謁し、ローマ市民の熱狂的な歓迎を受け、ラテンの言葉で挨拶したという。しかし三人の使節が母国を出てから九年めの天正一八（一五九〇）年に帰国すると、国内ではすでに豊臣秀吉によるキリスト教徒に対する弾圧が始まっていた。有名な二六聖徒の殉教は、そのあと一五九七年（慶長二）のことであった。

では、当時の日本キリスト教徒の数は、どれくらいであったのだろうか。一五四九年にザビエル上人が布教を始めてから三三年めの、三人の天正遣欧使節が長崎を出帆したころ、信者の総数は約一五万人、そのうち都《みやこ》（近畿）二万五〇〇〇人、豊後一万人、下《しも》（長崎県と天草）一一万五〇〇〇人であったという。当時の日本の総人口はだいたい一七〇〇万人ぐらいと推定されているが、中部地方以東に住んでいた人口を約二〇〇万人と見れば、都・豊後・下の三布教区をふくむ地域の人口は約一五〇〇万人となる。この一パーセントがキリスト教の信徒であった。

十六世紀後半の日本としては実に多数の信徒であるが、かれらに対し弾圧と迫害が加えられて受難のキリスト教時代に入った。やがて寛永一三年の鎖国以後は、銅板に浮き彫りしたキリストの十字架像を足でふませ、キリスト教徒でないことを潔白にする絵踏《えふみ》が、長崎の年中行事の一つとして行われた。この悲しい時代のできごとは、早く文人たちの耳目を引くところとなって、大正年代に鉄幹、晶子、白秋などの天草・島原旅行の印象が、一連の南蛮作品として異国情調をかきたてたのであった。ことに杢太郎の「南蛮寺門前」は、殉教のきびしさと、深い悲しみのなかに感じ取れる永遠の生命の尊厳を語っている。そして龍之介の作品には、十六世紀末から十七世紀の初めにかけて長崎と島原の加津佐《かずさ》で刊行した、日本最初のヨーロッパ式活字印刷本（キリシタン版）のロマンがある。この活字印刷は、前に記した九州三侯の天正遣欧使節が帰国の途中、南シナのマカオから印刷機械と活字を将来したことに由来するという。

私は今ここで、ポルトガルとスペインにつながる十六・七世紀の南蛮物語をしようというのではない。私の題目は、大正年代から昭和の始めにかけて一世を風靡《ふうび》した故・新村出《しんむらいずる》先生の『続南蛮広記』の序文にある句である。先生はこの名著の見かえしを、目もさめるような朱に近い赤一色で飾っておられる。それは深みゆく秋の明澄な空の下で、赤きを誇っている唐辛子の色であり姿である。私は長崎の田舎に生まれ育ったので、この色がいつまでも忘れられない。私のある先輩は、唐辛子のさえた朱の色と秋の空は、九州に生まれた者でないとわからないと私に語っている。

普通に私たちは、胡椒と言えば唐辛子だという。七味唐辛子などと、私たちになじみの深いウドンやソバの薬味である。インドの南部とインドネシアの胡椒（pepper）とは、まったく種類を異にするものである。はなはだ失礼であるが、ペッパーは食卓で使用するときは粉末になっているから、粒になっているペッパーの果実を乾燥して、粉末にしたものだということを認識されない人が多い。またペッパーの原植物は、唐辛子とはちがった蔓性の多年生植物で、他の大木に巻きついて育っていることを知っている人もすくない。

胡椒という名は、胡の椒《しょう》（berry. 漿果《しょうか》）という中国語で、古く中国にインドのペッパーが有名なシルク・ロードを経由して伝来したとき、できた語である。中国の古代そして中世の胡は、中国本土から西北の辺境地方、あるいはシルク・ロードにそう諸外国、すなわち西方の国々を意味していたのであった。明治以後の日本の舶来品が、欧米からの輸入品を指して言ったのと同じである。だから中国本来の薬味料である椒《しょう》に似た、西方外国の胡の地方から伝来してきた薬味ということから、胡椒と言ったのであった。それからというもの、胡椒と言えばインドとインドネシアのペッパーのことであって、唐辛子のことを言っているのでは決してない。

そうだとすれば、唐辛子がどうして日本で胡椒といわれるようになったのだろう。この系統の植物は、温帯と熱帯の各地に広くすこぶるたやすく育つ一年生の草本である。多くの人びとは、どこの原植物で、いつごろ中国や日本そして韓国などに広まったものか、考えても見ないし、また無頓着でありすぎる。唐の辛子というから、中国から伝来したのだろう。そして江戸時代から日本人の薬味として広まり、とくにどうと、とりあげていうほどのものではないと見られていたようである。ただし現在では、もう明治・大正のおもかげを残す薬味であるかもしれない。こんなわけで、大正以前の薬味は、唐辛子がもっとも親しみのある平凡なありふれたものであったから、ピリッと鼻にくる涙の出るようなはげしい辛さの代表として、胡椒という名で表現されてはばからなかったのだろう。また異なったものの名をもって称されながら、不思議ともされなかったのである。

中国では一世紀の漢代から本草学《ほんぞう》という博物学（Natural History）があって、薬物を中心とする研究が歴代にわたってつづけられていた。その研究は、十六世紀の明《みん》の李時珍《りじちん》（一五二三？—九六？年）の『本草綱目』という書に集成され、そのころまで中国人が利用していた有用な植物・動物・鉱物は、ほとんど全部といってよいほど記述されている。インドとインドネシアの胡椒、あるいはその他のスパイス（spices. 香辛料）はみな詳しく説明されている。中国の国内に産する薬味料と香辛料は、もちろんのことである。しかし、唐辛子の記述はどこにも無い。十六世紀末の李時珍以前の唐・宋・元の各時代に、おのおのその時代を代表する薬局法、すなわち本草書が編纂されている。それらはほとんど李時珍の綱目に集大成されているから、かれ以前に唐辛子は中国に無かったのは事実だろう。しかし集大成したといっても、あるいはもしかすると、ということもあろうと私は考えて、念のためかれ以前の代表的な本草書をしらべて見たが、唐辛子のことは見つからなかった。

どうも日本の唐辛子は、名は唐《とう》であっても中国と関係がないのではないか。うすいのではないか。

そこで考えられるのは、古代・中世の中国の胡が漠然と広く西方の諸外国を指していたことである。それと同じように、江戸時代の日本人の唐は、広い意味では外国、せまく厳格には中国であったのを思い出してもらいたい。

ここまでくれば、唐辛子系植物の原産地と発見年代を記してよろしい。これは中南米（熱帯アメリカ）原産の植物で、カプシカム（capsicum）あるいはチリー（chily）という一年生の草本である。一四九二年にコロンブスは、黄金の国・日本（ジパング）と東インドの香料諸島《スパイスアイランド》を求めて、未知の大西洋を一路西へ航海した。かれは誤ってサン・サルバドール島から今日のキューバを発見したが、かれの求める黄金もスパイスも無かった。しかしかれは、アジアの東端に到達したものと信じ、第二回の航海探険を敢行することによって、あくまでも目的をはたし得るものと信じて疑わなかった。そして二回・三回・四回と航海を重ねたのであるが、かれの目的は失敗に終り、とうとう悲劇の人物として世を去った。ところが一四九三―六年の、かれの第二回の航海に参加した一人の医師が、キューバにある植物で、うたがいもなくカプシカムといえるものを見つけて報告している。コロンブスは、アジア（インド）のペッパーその他のスパイス類の味と匂いと刺激ぐらいは知っていただろう。しかし、あまりに単純な涙が出るほどはげしい辛さのカプシカムは、ヨーロッパ人になじまれている従来のスパイスとは異なったものであるから、あまり意にとめられなかったのだろう。発見したという事実は、かれの同行者のなかにあっても、新しいスパイスとして問題にされるまでにはいたらなかった。だからかれの数回の航海探険によって、カプシカムがただちにスペイン本国へ紹介されることにはならなかった。

コロンブス以後、スペインはメキシコを征服して莫大な銀の獲得に成功した。そして太平洋を横断し、フィリッピンのマニラを東アジアの拠点として中国と通商した。とともに、かれらは、マニラから日本へ通商布教し、ポルトガルのヤソ会による布教に対し、かれらのカトリシズム教派を伝道しようとつとめた。スペイン・ポルトガル両国の派閥的な教派の対立意識と争いが、ある意味では十七世紀の日本における当局のキリスト教徒に対する迫害を激化させた一因であったことも事実である。また九州の三侯天正遣欧使節に対抗して仙台の伊達政宗《だてまさむね》は、慶長一八年（一六一三年一〇月）にスペイン系の神父に託して、支倉常長《はせくらつねなが》をローマに派遣した。常長は太平洋を横断してメキシコに入り、大西洋を渡ってスペイン本国にいたった。こうしてスペインのメキシコ──→マニラ──→日本とのつながりに対し、ポルトガルのゴア（インド）──→マラッカ──→マカオ──→日本のラインが対立していたのであった。

ところで、新大陸のカプシカム（チリー）はいつごろから注目されるようになったのだろうか。このことについて、もっともよい手がかりを与えてくれるのは、一五九〇年に刊行されたホセ・デ・アコスタの『新大陸自然文化史』の説明である。

西インディアスにおいては、胡椒・丁子《ちょうじ》・肉桂・肉荳蔲《にくずく》・生姜《しょうが》のような、ほんとうのスパイスはない。……しかし、神が西方のインディアに与えられた本来のスパイスは、カスティリヤ地方でピメンタ・デ・ラス・インディアス（新大陸のピメンタ）と呼ばれるものである。これは、はじめに征服された島嶼地方の言葉から、普通アヒとよばれ、クスコの言葉（ケチュア語）ではウチュ、メヒコの言葉でチリという。これはすでによく知られているものだから、ここにくだくだしく述べる必要はない。ただ言っておきたいのは、古代インディオの間では、ひじょうに貴重視され、それを産しない地方に、重要な商品として持って行かれたことである。寒い地方、たとえばピルーの山地などにはできず、暑い灌漑のある谷間に産する。

アヒには、緑・赤・黄などいろいろな色がある。カペリという名の激しい味のものがあり、これは刺激が強く、ひりひりする。おとなしい味のものもあり、甘くて口いっぱいに入れて食べられるものもある。小さくて、口に入れると、麝香のようなかおりがするものもあり、とても味がよい。アヒで辛いのは葉脈と種だけで、他の部分はちがう。青い乾かしたものを、粉にひき、土鍋料理や煮物などに入れてぜんぶたべる。

アヒは、大事な味つけ料で、新大陸唯一のスパイスである。適度に用いれば、胃の消化を助けるが、度を越すと悪い効果をおよぼす。なぜなら、アヒはそれ自体、きわめて辛く、霧のように滲透性をもつからである。したがって、子供があまり常用すると健康に悪く、特に精神に影響して肉欲をおこさせる。そして奇怪なのは、アヒ自身には火がひそんでいることは周知の事実で、入るとき出るときに燃える、とだれもが言うにもかかわらず、少なからぬ人びとが、アヒは辛くなくて、爽快で十分おだやかな味だと主張したがる。私に言わせれば、ペッパーについてもそういえようし、この点に関しては人びとの経験は異なるまいと思う。だからアヒが極端なほど辛くはない、などというのは、笑止千万な話である。

アヒを和らげるには塩を使う。これは性質が反対で互いに相手を抑えるため、大いに味を変えてくれるのである。トマトも使うが、これはさわやかでからだのためによい。一種の水分の多い大きな粒状の実で、これからおいしいソースができるが、そのままでも食用によい。この新大陸のアヒは、あらゆる地方にあまねく産し、島嶼部、ヌェバ・エスパニヤ（メキシコ）、ピルー（ペルー）、その他発見されたすべての地域に見られる。したがって玉蜀黍（とうもろこし）がパンのためもっともふつうな穀物であると同様、アヒは、ソースや煮物のための、もっとも一般的なスパイスである。

熱帯アメリカ原産のカプシカムの説明としては、いたれりつくせりである。そして十六世紀の末には、すでにイベリア半島の本国でも知られていたという。ところが一五六三年にインドのゴアで刊行された、ポルトガル人、ガルシア・ダ・オルタの有名な『インド香薬志』は、カプシカムについて一言もふれていない。長年インドに滞在して鋭意、香料薬品の研究に専念したオルタが知らなかったというのは、そのころまだカプシカムがインド本土まで伝播していなかった証拠だろう。そうすると中南米のカプシカムが東南アジアなりインドに伝播したのは、早くて十六世紀末のことであると考えてよいのだろうか。しかし十六世紀の後半にアジアの現状をインド（ゴア）で視察した、オランダ人リンスホーテンの十六世紀末の報告を見ても、ペッパーの説明は、まったくオルタそのままであって、カプシカムのことには言及していない。だからカプシカムは、十七世紀に入って伝播したものと見るのが穏当のように考えられる。

そこで私は、ひとつの想像をたくましうして見たい。中南米原産のカプシカムは、スペイン人によって十六世紀末から十七世紀の初めごろ、メキシコからまずマニラへ伝播したのではなかったのかということである。欧米の植物と薬物関係の学者や研究者の多くは、スペイン人とポルトガル人によってまずジャバ方面に伝播し、東は中国、そして西はインドへ広がったと漠然と考えている。その年代について、前にあげたガルシア・ダ・オルタがすでにインドで知っていたなどと、根拠の薄弱な推定さえ記されてはばからない。だから中国本草博物の忠実な代表的紹介者であるG・A・スチュアート

(G. A. Stuart, Chinese Materia Medica, Vegetable Kingdom, Shanghai, 1911.)は、中国本土に広く栽培され薬用と香辛料に供されているのに、後代まで中国の本草博物書に記述されていないのは実に不思議だとさえ言っている。これに対して私は、

メキシコ → マニラ → ジャバ → インド
マニラ → 中国
マニラ → 日本

というような経路で伝播したのではなかったのか、その年代は、十七世紀に入ってからのことであったと想定したい。

それで一六〇三年にポルトガル系のヤソ会が長崎で刊行した『日葡辞書』を検したが、トウ（トン）ガラシは見あたらない。この辞書は、天正遣欧使節のみやげものとして、マカオから将来した印刷機と活字によって印刷された。そのころの日本語とくに通用語を広くよく集めたものである。唐辛子がないのは、スペイン系のものであるから、ポルトガル系のヤソ会の宣教師たちが故意にとは言えないまでも、オミットしたのだろうか。それとも、まだ九州とくに長崎地方に伝わっていなかったのだろうか。十六世紀末の中国にも、まだなかったようだから、あるいはそうかもしれない。私が本稿の始めに大正から昭和の初めの南蛮もののことを思い出したのは、こんなためであった。しかし、まだ言い忘れていることがある。それは十七世紀初めのわが朱印船の南方渡海とマニラとの関係である。一六三〇年代まで、朱印船の主な行先地は、コウチ、トンキン、カンボジア、シャム、ルソン、タイ

ワンの六地に集中していて、この六地だけで南方に渡航した朱印船総数の八四パーセントをしめている。そしてルソンすなわちマニラは主要渡海地のひとつであった。スペイン人の日本渡航とともに、十七世紀初半の日本人自体のマニラ往復にも留意しなければならない。

さて江戸時代の代表的な本草博物書で、唐辛子のことを説明しているのは、私の知る限りでは有名な貝原益軒の『大和本草《やまとほんぞう》』(一七〇九年刊)だけである。

番椒　タウカラシ　古書に見えず。近代の書に出たり。群芳譜《ぐんぼうふ》に曰く「白花、子《シ》は禿筆《チビフデ》(さきのすりきれた筆)の頭の如し。色は紅鮮(目もさめるような、あざやかな赤い色)、観るべし。味ははなはだ辣《から》し。」李時珍が食物本草の注に「人盆中《ひとぼんちゅう》に植え、もって玩好《がんこう》を(観賞用と)なす。実を結べば鈴の如し。研《げん》して(すって)食品に入る。極めて辛辣《しんらつ》なり。味は辛温にして毒は無し。主として宿食《しゅくしょく》(食いもたれ)を消し、結気(気がふさがる)を解き、胃口を開き、邪悪をさけ、腥気(なまぐさい匂い)諸毒を殺すことをつかさどる。」また画譜にもその形状をのせたり。

○「その子に大小・長短・尖円《せんえん》の数種あり。上に向くものあり。下に垂るるものあり。聚《あつま》り実るものあり。人家の庭際(にわのまわり)に植う。之を食べて、寒にたゆ。鄙人《ひなびと》(田舎の人)もっとも嗜《たしな》み食《くら》う。蕃国より中夏(中国)に移し植ゆ。主治。寒湿・疝気《せんき》を除き、虫を殺す。胃を開き、食を進む。多く食えば、則ち火を助け、目を昏くし血を破る。瘡腫《そうしゅ》(はれもの)を生じ胎《たい》を堕《だ》す(胎内の子供をおろす)。」

○昔は日本にこれ無く、秀吉公、朝鮮を伐つ時かの国より種子を取り来る。故に俗に高麗《こうらい》胡椒という。便血を患《わずら》う人、是を食してははなはだ効ありという。症《しょう》(病気のたち)によるべし。瘡疥《そうかい》(ひぜん)・腫物・痔ある人、食すべからず。

○蕃椒を細末にして米糊《こめのり》に和し、紙にのべ膏薬《こうやく》をはるごとくにして腹痛・腰痛・手痛・一切の痛みどころにはるべし。はなはだ効あり。
○いま人、日に乾《ほ》し、火にてよく炙《あぶ》り、細末にして貯えおき、食品に加えること、胡椒の如くにす。緑豆《ぶんどう》よく胡椒の毒を制すること、時珍の綱目に言えり。蕃椒の毒をも緑豆にて消すべし。極寒のとき、壁を塗るに、泥凝堅にして塗るべからず。蕃椒の末を泥土に加へぬるべし。蕃椒をやきて鼠の穴をふすぶべし。人かぐべからず。

いたれりつくせりの記事である。先にあげた十六世紀末のアコスタの説明と対照すると、かれこれ相通じるところが多々見うけられる。ところで益軒によれば、一六三〇年刊の王象晉の『群芳譜』にのせてあるという。しかし実は、一七〇八年に編集を終えた本書の増補版である『広群芳譜』の胡椒の附録に番椒として追加されている。増補版では明白に(増)と記してあって、一六三〇年の第一版にはなかったものである。益軒の引用文は、一、二の字をはぶいただけで、『広群芳譜』の増加分の文と同一である。益軒の『大和本草』は一七〇八年に稿ができ、一七〇九年に刊行されている。どうしてかれは、一七〇八年に編集を了した中国の最新書を参引できたのだろうか。私はある意味では感心するが、同時にいささか以上に見当がつかない。それから十六世紀の李時珍に『食物本草注』という編著があったのか、これも私にはわからない。益軒は『大和本草』の巻一に中国の本草書名をあげ、その中にもこの書名をあげている。どうもなにかほかの食物本草の注本を、李時珍の注本だと誤解したのではなかろうか。益軒の引用文によると、植木鉢などに植えて観賞をかねていたようで、まだ伝来初期の内容であるから、これは十七世紀に入ってからの記事である。

それはともかく、仮りに一六三〇年の『群芳譜』にのっていたとすれば、十七世紀に入り蕃国から中国に伝わったことになる。また一七〇八年の増補版に追加されたものとすれば、十七世紀のなかばか、後半に伝播したということになる。

さらに益軒によると、十六世紀末の秀吉の朝鮮出兵（一五九二―九八年の間）のおみやげとある。普通によく唐辛子は朝鮮から伝わったのだといわれている根拠はここにある。しかしまだ中国でも知られていなかった（だから伝播していなかった）カプシカムが、どうして一足とびに朝鮮まで伝播していたのだろう。十六世紀末まで日本に伝播していないのは、一六〇三年の『日葡辞書』にないことからして、事実のようである。そうすると十六世紀の末に朝鮮から種子を得たという話は、どうもそのままではいただけない。

それから、もうひとつ。益軒は番椒という中国名をあげ、外と日本に外国から伝来したことをあきらかにし、タウカラシと仮名をつけている。番椒の最初の記事は、中国で私は十八世紀始めの『広群芳譜』以外に知らないが、十七世紀にフィリッピン方面から中国に伝播したことを暗示していると考える。それから番椒とタウカラシと、どちらの名が早く十七世紀の日本で普通に使用されていたかということも問題である。益軒先生は日本人として独創的な博物学者であったが、やはり学者として中国名の番椒を主題としたのではなかったろうか。しかし記述の内容は実際によくうがっている。番椒という中国名の伝来より早く、日本人はタウカラシという名を使用していたのだろうと私は考えたい。本稿の題名とした句を新村出先生は、おそらく江戸中期以後の俳書などのなかから見つけ出されたのだろうと私は思う。なおくわしく先生の御在世のときにおききしておけばよかったのにと、いまさらのように私は悔いている。十七・八世紀の中国と日本の本草書や雑書を、もっと広く深く探索せねばならないことはわかっているが、現在の私には許されない。

中国でも日本でもカプシカムは、いとたやすく育つ草本だけに、伝来すると早速各地に広まって珍とするに足らないものとなったのだろう。田舎の人の食べものであったというから（しかし学者はそう記述しても、実際は庶民の間に広く親しまれていたのであるが）、学者先生の記述に値いしないほど平凡な、いたずらに赤きを誇り、いつもおこっているような、涙の出る単純なはげしい辛さであった。そしていつごろどこから伝わったのか、はっきりわからないですまされていたのだろう。またそんなせんさくをする必要を学者先生は認めなかったのだろう。

なんだか漠然とした臆説（仮説）で、赤きを誇るに足らない愚文となったようだが、私の唐辛子考のプロローグである。ありふれたもの、大多数の人びとの親しんだものの真実を知ろうと念ずるためにほかならない。博雅の人びとの叱正を願っている。

鬼市（Silent trade）考

民族を異にし生活や習慣がちがえば独自の言語を持っていて、お互いに言葉が通じない。どちらも相手方の意志を知ることができないから、疑心暗鬼の念を生じる。といって、お互いに生きてゆくために必要とする物資は、たとえ他の民族からであっても、なんとかして手に入れなければならない。このような心理状態と生活の必要から、異民族の間で、まず最初に行われた原始的な物々交換の一つの形式がサイレント・トレード（沈黙取引）で、古く中国人はこれを鬼市といっているが、疑心暗鬼の取り引きをよくうかがった言葉である。

この取り引きの典型的な例として早くから諸学者にあげられているのは、前五世紀の歴史の父ヘロドトスと、前四〜三世紀の植物学の元祖テオフラストスの伝える話である。

ヘロドトスは、ヘラクレスの柱（地中海の出口であるジブラルタル海峡をはさんで立つ二つの巨岩）のかなた、リビア（北西アフリカ）に属する土地で、カルタゴ人から聞いた話としてこういっている。

ヘラクレスの柱の外に、リビアに属する土地があって人が住んでいるが、カルタゴ人はそれらの者の所を訪れて商貨をおろし、それを海浜に順次陳列したうえ、船へ乗ってから、狼煙《のろし》を上げるということである。土民は狼煙を見て海岸へ出てきては、その商貨と交換する黄金を置いて、それらの商貨からいったん遠ざかるという。そうするとカルタゴ人は上陸してそれらをしらべ、もしかれらがその黄金を商貨に値いするものと思えば、それを取って立ち去るし、もし不足だと思えば、ふたたび乗船して坐してまつのであって、相手は近づいてきてかれらを納得させるまで、さらに黄金を追加する。が、カルタゴ人は、相手の土民もカルタゴ人も、それがかれらの商貨にひとしい量にされるまでは、決してその黄金に手をつけないし、相手の土民もカルタゴ人が黄金を受領しないうちは、決して商貨に手を出さないというわけで、両者いずれも不正なことは行わないということである。(『歴史』四の一九六)

疑心暗鬼の念から、お互いに顔を見せず言葉をかわさないが(もちろん通じないから)、なかなか見上げた公正な取り引きである。長年の間に、このような取り引き方法が生じたのであったろう。

次にテオフラストスは、アラビア半島西南部ハドラマウト地方に原産する乳香と没薬という、古代泰西の香料(とくに焚香料)の代表と見なされていたものについて、当時の諸説を集録したなかに、こう記述している。

乳香と没薬という香料は、サバ人(古代アラビア西南部の代表的な民族で、乳香と没薬の原産地における取り引きを支配していた)が所有するもっとも神聖な太陽の神殿に集められる。そこでは、武装したアラビア人が守護している。人びとは神殿にそれらを持って来ると、ささげものである乳香と没薬を同じ形に積み重ね、守護にまかせて立ち去るが、かれらは数量と売却値段を記した札を、おのおの堆積の上に置いて行く。商人がやって来ると、札を見て気に入った堆積を計量し、その場所にそれに相当する代価を置いて香料を持ち去る。

それから神官があらわれて、商人が置いていった物の三分の一を神に納め、残りはそのままにしておくが、もとの香料の所有者がふたたびやって来るまで安全に残っている。(『植物考』九の四の六)

かれテオフラストスは、当時として知り得られた乳香と没薬についての知見を集成したのであって、この話もそれらの諸報告の一つとしてあげられている。しかし乳香と没薬についてかれがあげている諸説の全体を通読してゆくと、かれのころ乳香と没薬の両樹はすでに栽培されていたようで、原産地方ではもう原始的なサイレント・トレードから進んだ取り引きの段階に入っていたように考えられる。そして、おのおのの香料の堆積の上に、数量と値段を記した札を置くなど、どうも原始的なサイレント・トレード以上のものがあるようだ。神と武装したアラビア人の守護は、取り引き者相互の安泰を計るものだろうが、神(官)は商人が置いていった物の三分の一を収納するなど、かつての素朴なサイレント・トレードそのものだけではないように思われる。そうすると、アラビア西南部でのこの取り引き方法は、テオフラストスより以前に、いつのことだとはわからないが、古く行われていたサイレント・トレードの名残りが、サバ人の神聖な神殿の一つの行事として、かれのころ、このような形式で行われていたのではあるまいか。

多くの学者は、テオフラストスのこの記述から、ともすればかれのころ行われていたものと単純に解釈しているが、古代の西南アラビアの香料取り引きの歴史上の経過から見れば、それは当を失しているように私は考える。

このように原始的な異民族間の取り引き方法は、ある時代の文化世界の人びとから見ると、未開の地方で、そのころ世界のもっともはしの地帯と見なされた地域で行われている。その数例をあげて見よう。

一世紀代のインド洋沿岸各地の通商状態をありのまま記述している、アレクサンドリアの無名氏の『エリュトゥラー海（インド洋）案内記』は、中国の西南奥地と境を接するビルマ北部の山中のところで、こう記している。

毎年ティス（シナ）の境には、身体が矮小《わいしょう》で顔幅がおそろしく広く……（このところ写本の復原困難）……の一種族がやって来る。うわさによると、かれらはベーサタイ（ヒマラヤ山中のアッサムあるいはシッキムに住んでいた民族の一種であろう）と呼ばれ、未開人とほとんど同じだそうである。かれらは女や子供を伴い、大きな荷物すなわち葡萄《ぶどう》の若葉を入れた籠に似たものを運んでやってきて、それからかれらとティスの人びととの境界のあるところにとどまり、籠を敷きのべて、その上で数日間お祭り騒ぎをした後、もっと奥地の自分の故郷へと出発する。人びとはそれを見張っていて、この時そこにやってきて、かれらの下敷を集め、ペトウロイと呼ばれる蘆《あし》の葉肋《はすじ》を引きぬき、ベーサタイの持ってきた葉を薄く重ねて丸くして、蘆の葉肋で指し通す。これに三種があり、大型の葉からは大丸《おおまる》マラバトゥロンと呼ばれるものが、これより劣った葉からは中丸《ちゅうまる》が、さらに小さな葉からは小丸ができる。そこで三種のマラバトゥロンができ、そしてこれを作る人たちによってインドに運ばれる。（六五）

いまベーサタイをアッサムに住んでいた民族の一種だと考えれば、ここにいうところのティスの境とは、中国の雲南省の辺境であろう。そしてベーサタイがマラバトゥロンを国境に置き、お祭りをして一時しりぞいて身をかくした後で購買者がマラバトゥロンを受け取り、それに相当する代償品を置いて立ち去ると、ベーサタイがふたたびやってきて代償品を受け取ってゆくのである。このような取り引き方法が、インド本土（主として西海岸の各地）に渡来した一世紀代のギリシア系商人の耳に入り、案内記の記述となったものだろう。マラバトゥロンとは、インドとビルマ北部、そしてシナと境を接する山岳地帯に生育する一種の肉桂樹の葉で、サンスクリットのタマーラパットラの音訳（ヘレナイズした形）である。ローマ時代の香油の大切な原料として、あるいは薬品として、ローマ市民の間に重宝されていたものであった。インド南部のマラバル海岸とガンジスの河口方面から、西方エジプトのアレクサンドリアに向けて積み出された主要商品の一つであった。

さて中央アジアで、世界の屋根と呼ばれているパミール高原のタシュクルガン地方で行われていたサイレント・トレードについて、ローマ最後の偉大な歴史家といわれる三世紀前半のアミアヌス・マルセリヌスは、こう伝えている。

この地の住民はもっとも素朴で、安穏に生活し、他との交渉をあまり持たない。異国の人びとが、かれらの布やその他の品物を求めにやって来ると、言葉をかわすことをしないで、品物に符丁《ふちよう》で値段をつけておくが、この取り引きの間、かれらは異国の人の品物に決して手をつけない。（二三の六）

いささか記述が簡単であるが、サイレント・トレードであることはたしかなようである。そしてかれらの布その他の品物とは、中国から東トルキスタン（西域すなわちシルク・ロード）を経由して伝播した中国の大名物である絹（シルク）その他の珍品（錦など）であったらしいと想像される。古代における中国のシルクの西方伝播にあたって、東西トルキスタンの分水嶺で行われていた取り引き方法の一つであったようだ。

内陸アジア、北方シベリアの森林地帯に接する地方で行われていた毛皮の取り引きについて見よう。北マンチュリア産の貂《てん》の皮は、南マンチュリアや遼東そして遼西地方の中継貿易によって中国に入っていたが、五世紀後半の中国の南朝人は、次のような消息を伝えている。

貂は高句麗《こうくり》国から出る。貂はいつも一物《いちもつ》といっしょに穴に棲んでいる。その一物とは、ある人の見たところによれば、形貌は人に類し、身長三尺（約一メートル）で、よく貂を手なづけているし、また刀子を愛楽している。だから一般に人が貂の皮を得たいと思うと、穴の入口に刀をさしておく。するとかの一物は夜に穴から出てきて貂の皮を刀のさしてあるところに置く。そして人が皮を持って帰るのを待って、刀を取ってゆく。（劉敬叔『異苑』）

朝鮮の高句麗にはよい貂の皮は産しないから、北マンチュリアの貂の皮が高句麗人によって中国へ転売されていたのだろう。そして高句麗人自身が原産地で刀子すなわち鉄（の刀）を提供して、現地の土民から貂皮を直接手に入れたものか、それとも現地の住民の話を伝え聞いたものか、はっきりしない点がある。しかし現地の貂の皮を供給する土民は、どうも穴居人らしく、それを形は人に近いが身長三尺ぐらいで、貂といっしょに住んでいる一物だと伝えている。これは挹婁《いうろう》人の穴居のことを伝えているのだろう。かれらは今のニングタの町がある牡丹江《ぼたんこう》の流域からニコリスクにかけて住んでいたトゥングス系の狩猟民らしい。そしてかれらは鉄器を非常に欲しがっていたのだろう。

次に西トルキスタンから北方の、シベリアの森林地帯で行われていた毛皮の取り引きについて、十四世紀前半のアラビア人大旅行者であるイブン・バッータは、こう伝えている。

氷でおおわれた曠野《こうや》を四〇日間旅行して、闇の国（シベリア）に着くと、商人は持ってきた商品を置き去りにして、定めの場所に引きとる。次の日に商品を置いていたところに行って見ると、それとならんでテン・灰色栗鼠（りす）・アルミンなどの毛皮が置いてある。もし商人が自分の商品のそばにある毛皮で満足すれば、それを持って帰るが、気に入らなければそのままにしてくる。そうすると闇の国の住民は、毛皮類を増しておくこともあり、そのまま持ち去って商人たちの荷物だけ残しておく場合も珍しくない。これがかれらの取り引き方法である。この地に旅する人びとも、取り引きの相手が魔性のもの（ジン）なのか、人間なのか、正体がつかめない。その一人だに見たことはないのである。

十三世紀後半の世界的な大旅行家であるマルコ・ポーロも、この暗黒世界と呼ばれる地帯から良質の毛皮を出し、この毛皮を手に入れる商人たちは莫大な利益を得ているといっているが、かれはバッータのようにこの地帯の住民との取り引き方法にはふれていない。ポーロはバッータと同じように、西トルキスタンに足をふみ入れている。しかしイスラムであったバッータは、西トルキスタンから北方のシベリア地方に通商したイスラム系商人と親しく接して、このような現地の消息を耳にしたのだろう。と同時にイスラム商人の毛皮取り引きが、そのころ相当以上に重要なものであったことを示している。バッータと同じころのアブル・フィーダも、かれの『諸国誌』に、バッータとまったく同じ消息を残して、そのころ西トルキスタンのイスラムの間に相当広く語られていたことを証明するもののようである。それはともかくとして、毛皮を提供するシベリアの狩猟民が、相手方の商人に完全にその姿を見せないので、それが人間であるのか、イスラム教で天使の下に位いし、人間または動物の姿となって、人間に対し超自然的な魔力をふるう「ジン」なのか、よくわからないと語られているのは、後で説明する中国人のいう「鬼市」の鬼とも一脈相通じるものがあるようだ。そして前にあげた北マンチュリアの貂の皮を提供する、形は人間のようで、身長は三尺位い、貂とともに穴居していると伝えられる話ともよく似ている。

さて話を内陸アジアから南アジアに向けて見よう。インド洋における東西海上交通の重要な中継地であるセイロン島のサイレント・トレードについて、一世紀のローマの博物学者プリニウスは、セイロン島からローマのクラウディス帝（四一—五四年）の時に送られた使節の話によって、かれの『博物志（六の二六の八九）』に、サイレト・トレードのことを簡単に記している。しかしセイロン島におけるこの取り引き方法の圧巻は、なんといっても五世紀の初めに親しくこの島を訪れた中国僧である法顕《ほっけん》の記述である。

セイロン島（獅子国。古くサンスクリットでセイロンをシンハラーライオンと称したものの意訳）には、元来普通の人間は棲んでいない。鬼神と竜（ドラゴン）だけであって、他国の商人たちはこれらの者と市易（バーター）している。交換にあたって鬼神や竜は姿を現わさないが、かれらの宝物（セイロン島名物の宝石類だろう）を置き、その値段を記して姿をかくす。すると商人がやってきて、その値段に相当する品物をそこに置き、鬼神や竜が提供する宝物を取って立ち去る。これらの商人の往来と取り引きにより、諸国の人たちは、この島が楽土であると聞かされ、多くやってくる。（『法顕伝』）

セイロン島の原住民であるシンハリーズ（シンハラ島の人。シンハーライオンの子孫だという）を、鬼神と見なした点はなかなかおもしろい。先年、私がセイロン島の山中を数日旅行したとき、シンハリーズ系の人びとに多く接して、その容貌は、われわれが伝説などで聞かされている鬼に近いとさえ感じたことがあった。まして五世紀の初めごろは、なおさらそう感じられただろう。鬼とバーターするから「鬼市」だと考えられやすいが、鬼市という名称は八世紀なかばの中国人の記録に初めて出てくるようである。それは次にゆずるが、欧米の学者は法顕のこの記事から、中国人のいう鬼市が始まったと見なしている者もいるが、それはまだ早い。

そこで話を東南アジアにうつそう。『千年ごろの奇談摘録』というアラビア人の一書は、インドネシアのもっとも奥地であるモルッカ諸島にだけ産した丁子(クローブ)という香料(スパイス)の取り引きについて、こう記している。

インドにも丁子を生ずる渓谷がある。商人あるいは船乗りであっても、かつてこの谷に足をふみ入れて丁子の樹木を見たという人はいない。かれらの話によれば、この樹木の果実である丁子は、ある精霊(ジン。万物の根源をなすという不思議な気)によって販売されているとのことだ。航海者たちは、ある島に船を着け、海岸にかれらが持ってきた商品をならべて船へ帰る。翌朝かれらは、各商品のかたわらにそれぞれ若干の丁子が置かれているのを見出す。もし丁子の増量を要求するときは、さきの丁子をそのままにしておき、日を改めて出直せばよい。

ある人によれば、島民は異邦人を見ると身をかくしてしまった。その後しばらくして、商人たちがこの島にやってきたが、丁子を手に入れることはできなかった。これはさきの人びとが島の住民を目撃したため、島民が報復手段に出たからである。しかし数年後には、また古い取り引き方法が復活された。

この話は十三世紀のアラビアのカスウィニーの『世界誌』にそのまま再録されているが、九・十世紀のころ、いや十三・四世紀まで、イスラム系の商人がジャバから遠くモルッカ諸島まで到達していたとは、とても考えられない。かれらのいうインドとは、広くインド洋から東南アジアの海域におよぶ各地を包含しているが、かれらがそのころよく往来通商したスマトラとマレイ半島などのどこかの中継地で聞いた話ではなかろうか。そしてその話に、かれらの推理が加わってかれらのスタイルになっているようである。インド洋の中に特殊な物産の出る無人島の話は、かれらの間に他にも例があり、その所在を知る者がないと伝えられている。だからモルッカ原産の丁子がジャバからスマトラへ伝わり、スマトラ西北部の中継港で原住民との間に行われたバーターであったとも考えられる。しかし、往古のモルッカ諸島で行われた丁子の取り引き方法であって、それがスマトラ西北部の原住民によりイスラム系商人に伝わり、このような話となったとも考えられ、私はそのいずれであるとも判定することができない。

それでは中国人のいう「鬼市」の名称の出現とその記述にうつらねばならないが、この取り引きは八世紀の北西アフリカである。そこで六世紀前半のキリスト教僧で、東方地理知識に精通していた有名なコスマス・インディコプレウステスの、エチオピアにおける話にまずふれて見よう。

エチオピアの王は隔年にアガウ（アビシニア高原、タナ湖の東西にひろがる地方）の知事を通じて、金を手に入れるため特別の使節団《ミッション》を派遣するが、五〇〇人以上の商人が同行する。かれらは金の産出地へ牛と塩の塊りと鉄を持って行く。原産地に近づくと、とどまってキャンプを設営し、周囲にトゲのある植物の生垣《いけがき》をはりめぐらす。そしてキャンプ内で起居しているが、牛を殺してその肉塊を生垣に突きさし、塩と鉄のかたまりをそのかたわらに置いておく。するとエンドウ豆のような金塊の粒を土人が持ってきて、かれらが希望する肉や塩と鉄のどれかのそばに数粒の金を置き、遠いところへ立ち去ってゆく。それからキャンプ内の人びとがそこへ行って、それぞれの品物に相当する金の量があれば金を受け取り、ふたたび土民がやってきてそれぞれの品物を持って引きあげる。もしキャンプ内の人びとが最初に置かれている金の量に満足しないと、金をそのままにしておいて手をつけないから、土民はそれを見てさらに金の量を増してゆくか、あるいは金を持って立ち去ってしまうかする。これが、この地方の土民との取り引き方法である。お互いに言葉がまったく通じないので、話をかわすことができないからである。

さて八世紀のなかばに、東方の唐帝国と西方のイスラム国は東西世界に対立する二大国として、互いに勢力を東と西のトルキスタンの境界までのばし、七五一年には天山山脈の西北部にあたるタラス河畔で戦ったときのことである。唐の派遣軍は敗退して、多数の中国人がイスラム軍の捕虜となった。その中に中国人の製紙職人がいて、紙の製法が西のイスラム世界に伝播する機縁となった有名な話がある。それとは別に杜環《とかん》という人が、約一〇年ほど大食《タージー》(イスラム)国に抑留され、七六二年に帰国して『経行記』という西方事情誌を残している。かれの書は残っていないが、その断片が諸書に収録されて今日にいたっている。唐の杜佑《とゆう》の『通典《つてん》、一九三』は、大秦《だいしん》国すなわち東ローマ帝国の記述のなかに、この『経行記』の一文をあげているが、そのなかに有名な「鬼市」の説明がある。

西海に市(バーターをするマーケット)がある。売る者と買う者は、こちらが行けばあちらが去り、あちらが来ればこちらが去る。売る者はまずかれらの品物をならべて置く。それから買う者は、それに相当する物を置いてゆくのであるが、売る者の置いていった品物のかたわらにおいて、それが持ち去られるまでまち、それがすんでから売る者の品物を受け取る。これを「鬼市」という。

中国でサイレント・トレードを鬼市という名称で呼んだ最初の記述は、杜環のこの一文である。前にあげた五世紀初めの法顕は、セイロンの原住民を鬼か竜で普通の人間ではないように見ているが、この鬼神とのサイレント・トレードそのものを鬼市と言っているのではない。かれ杜環はメソポタミア地方でこの話を聞いたのだろうが、東ローマ帝国の西海とは地中海を指しているから、鬼市の行われていたところは、地中海に面する北アフリカのどこかであったろう。

この話は『新唐書、二二一』に、「西海（地中海）に市がある。取り引きにあたりお互いに顔を見せないで、双方とも品物を置き合ってする。これを鬼市という」と引用されている。また十三世紀初半の宋の趙汝适《ちょうじょかつ》の有名な『諸蕃志《しょばんし》』も、杜佑の『通典』から杜環のこの記事をそのまま引用している。十三世紀のはじめごろ、前代の古い記事を再録したのであるが、そのころでも中国の外国貿易港である泉州などに往来したイスラム商人の間に、なおこの話が語られていたので、趙汝适は前代の記述を引用してはばからなかったのだろう。そして、このころになっても、ひきつづいて前代の鬼市と見なされる取り引きが行われていたことを暗示するものであろう。

地中海に面する北アフリカの奥地、とくに有名な金の産出地であった北西アフリカ内陸のニジェル河の上流、スーダンとギニアの境にあったマリ王国における金のサイレント・トレードは、十五世紀の後半まで実際に行われていた。ベニスの商人カダモスト（一四二六―八三年）は、西アフリカ海岸かちこの金産出地方の近くまで行き、その取り引きについてこう報告している。

初めに岩塩をタガーザ（北西アフリカの内地）で採掘するときは、大きな塊りをそのままにしておき、運びやすいように二個ずつラクダの背中に積む。マリ（ニジェル河の上流、スーダンとギニアの境にある金産出地の中心都邑）からは、黒人たちの運びやすいように、ちょうど頭に乗る位の大きさに砕いて、一人一個ずつ運搬する。かれらは長蛇の列をなし、はだしのままどこまでも運んでゆく。……やがてかれらは、とある水辺にたどり着く。（ニジェル河、トンブクトゥ上流の氾濫地帯であろう。）ラクダはもとより動物は一切生存しない。つまり動物が生きられぬほど、その地方の暑さがはげしいのだ。にもかかわらず、炎熱のさなかを歩いて岩塩を運びたいと願う人びとのなんと多いことか。そしてそれらの岩塩を食べねば生きてゆけない人びとの、なんと多くいることか！

さて、さきにのべた水辺まで塩を運ぶと、あとは次のような事態が展開する。まず塩の持主たちは、自分の岩塩に印（しるし）をつけ、一列にならべる。それから半日ほど来た道をもどる。するとその後に別の黒人部族がやって来る。かれらは誰にも姿を見られたくなく、また誰とも話をしたがらない。何隻かの大きな船に乗ってやって来る。どこかの島からくるらしい。舟をおり、岩にあがって塩を見つけ、それぞれの塩の塊りに見合う量の金をそのかたわらに置く。かれらが引き返した後に、今度は、塩を運んできた黒人たちがもどってくる。そして自分の塩の塊りの脇に置かれている金の量に満足すれば、塩を残して金を持ち帰る。次に金を運んできた黒人たちがやってきて、金の無くなっている塩を自分のものにする。一方、金がそのまま残っている塩には、もし交換したければ、さらに金をつけ加え、交換を望まない場合には塩だけを残して引き返す。という具合に、互いに顔を合わせることなく、また話をかわすことなく、昔からの交換方法で長年かれらは取り引きをくり返しているという。

このような事実は信じ難いかも知れぬが、私はこの情報をアラブ人からも、アザナギ族（北西アフリカ、ベルデ岬北方沿岸の民族）からも、そしてまた信頼するに足る多くの人びとからも、現にこの耳で聞いたのだ。

十五世紀にポルトガルが敢行した西アフリカ沿岸を南下する幾多の航海のなかで、スーダンの奥地で行われていた金のバーター、そしてそれがマリ王国に集まることについて、正確な最初の情報をつかんだのは、かれカダモストであった。そして金産出地の住民が、生きてゆくためになくてはならない塩と交換するために金を提供する。それもサイレント・トレードによってである。カダモストは、セネガル川の上流をわずかしか入っていないようだが、スーダンとギニアの境の極めて辺鄙な炎熱の内陸地帯に豊富に産出する金が、こうしてマリに集まり、そこからトンブクトゥとガオなどを経由してサハラの大沙漠をこえ、はるか北アフリカの地中海沿岸に転送されている消息を伝えている。そしてかれの伝聞は、サイレント・トレードの圧巻である。

十五世紀のころは、すでにイスラム勢力が北アフリカのほとんど全土をおおって、イスラム系商人のアフリカ内陸へ往来する者が多かったから、このような原始的取り引き方法は、すこぶる奥地にだけ残っていたのだろう。しかし時代をさかのぼればのぼるほど、地中海の沿岸に近いところで行われていたのだろう。前五世紀のヘロドトスは、ジブラルタル海峡に近い北西アフリカの海岸であったように伝えている。八世紀なかばの杜環が伝えている鬼市の消息は、それが海岸であったのか、それとも海岸から入った内陸であったのか、はっきりしていない。しかし八世紀という時代、すなわちイスラム勢力が北アフリカの地中海に面する地帯を席巻して、ジブラルタル海峡を渡り、イベリア半島を勢力下に収めたことを思えば、杜環の伝える鬼市の行われたところは、むしろ地中海沿岸近くの内陸であったと想定するのが妥当ではなかろうか。それから、この鬼市の消息は十三世紀代の中国人にも伝わっているようだから、そのころになると鬼市の所在も段々に内陸に向ったのであろう。また中国人の鬼市では、売買当事者の提供する商品名をあげてないが、私は十五世紀のカダモストの報告からして、北西アフリカ内陸の金が提供されたものと考えたい。

以上、サイレント・トレードの記録として私の知り得たものを十数例あげた。イスラム系その他の資料をもっと広くさがせば、まだまだあるだろう。とくにイスラム資料では、私はまだ深く広くおよんでいない。しかし未開民族との原始的な取り引きについて、以上の諸例でその大要は紹介することができたと思う。それで、この諸例を簡単に表示して見ると次のようになる。

未開民族の提供する物品	その所と時代（括孤内の数字は世紀）
金	リビア（前五）エチオピア（六）西北アフリカ（八―一三）マリ（一五）
宝石	セイロン（一―五）
香料	アラビア（前三以前）雲南（一）モルッカ（九・一〇以前）
毛皮	北マンチュリア（五）西シベリア（一四）
絹	タシュクルガン（三）

そうすると、古代・中世・近世の初めを通じて、東西の文化民族が求めてやまなかった「金、宝石、香料、毛皮、絹」などが、それぞれの原産地において、原住民より文化の程度の高い異国人に提供さ

れていたのであろう。異国人が原住民に供給した商品は「塩、鉄、肉、衣料品、装飾品」などであったろうが、未開の原住民の生活に欠くことのできない物品が、まず初めに提供されたのだろう。そして次には、装飾品などにおよんだのであった。

未開の民族にとって、生きてゆくために必要とする物品は、なんとしても手に入れなければならない。しかしそれを提供してくれる相手方の態度がまったくわからない。暗黙のうちに、自分たちの必要を満たす手段と方法を取らねばならない。供給する側のやや開化した異国人も、未開の相手方の態度のほどがわからない。双方とも疑心暗鬼である。一歩まちがえば、血を流すことにもなりかねない。しかしお互いに必要とする（あるいは求めてやまない）物資のバーターさえできれば、それでよろしい。双方が顔を見せないで、バーターだけは目的を達成する。双方が生活のため必要とすることから、このようにさせたのであったろう。

終りにこの取り引きの行われた地域を見てゆくと、アフリカ大陸・アラビア南部・内陸アジアの東と西・南アジア・東南アジアと広がっていて、各地で人間に共通な心理状態と生きてゆくための必要から、このような交換形式がまず初めに行われるようになったのだろう。そこには、どこがオリジンでどのような系統で拡大したなどというすじ道は無い。各地で自然に発生したものと思われる。そしてこれを、各時代別に見てゆけば、東西の文化民族から見て、その時代の世界のもっとも辺鄙なところと見なされていたところ、すなわち人間の棲息している世界のはしの地方で、人間かどうかはっきりしていない者から、文化民族がもっとも切望する物品を取得することになっている。

人間にはお互いに生きてゆくため、必要とする物資をなんとかして得なければならないという念が、古代から厳として存在していることがよくわかるだろう。人種と文化と時代と場所は異なっていても、人間としての心には変りがない。

熱帯アジアのチューインガム

徳川の三代将軍、家光（一六二三—五一年在位）は生まれながらの将軍であったから、誰にはばかることなく、祖父の家康代から生き残っていた戦国の武将たちを尻目に見て、諸般の政策を勇猛果敢に実行したという。

かれと同じように、中国の前漢の武帝（前一四〇—八七年、在位）は、生まれながらの天子で、現在の中国の版図《はんと》まで中国の領土を拡大させ安定させた、雄大で才能のある皇帝であった。かれは前四世紀ごろから常に漢民族の生活を脅かしていた北方の遊牧騎馬民族である匈奴を制圧して、西北辺境の新彊省《しんきょう》の入口にある敦煌《とんこう》から、西域（中央アジア）に通じる絹の道（Silk road）を初めて開いたのであった。こうして東方の中国は、はるか西のローマ帝国と間接につながりを持つようになった。

それからかれはまた、南方は広東から海南島と北ベトナムの一部まで勢力下においた。そのころのことである。広東から広西《かんしー》にかけての南シナ方面には、「南越《なんえつ》」という未開民族の国があった。この国を制圧するため派遣された使節の一人、唐蒙《とうもう》が帝都の長安に帰って復命（報告）したとき、意外なことを武帝に奏上した。

実はでございます。私は広東で、枸《く》の味噌（枸の醬《しょう》）というものを食べました。これは広東の産物ではありません。どちらから来るのかとたずねますと、牂柯江《そうかこう》という大きな川、それは舟が十分に通れる大川ですが、その上流の方から商人が運んでくると申しました。ところで長安へ帰りまして、商人にあたって見ましたところ、枸の味噌は、蜀《しょく》—四川《しせん》の産物、それを四川の南の夜郎《やろう》という国へ密輸出しますが、夜郎はさらにどこかへ転売するらしいというのでございます。つまりあの広東の大川の源は、夜郎の国なのに相違ありません。あの辺をお手なずけになれば、川づたいの水軍で、広東を奇襲できましょう。

夜郎というのは、今の貴州省の北部にあった未開民族の国であった。そのころ貴州と雲南などの西南の地方は一括して「西南夷」と呼ばれ、四川の南にはまず夜郎の国、さらにその西には滇《てん》・昆明《こんめい》などという国があると、おぼろげに伝えられているにすぎなかった。

ところで西南夷の地方から、その東南にあたる南越《なんえつ》（広東）方面へ水路がつづいているらしいということが、枸の味噌という珍物の伝播で明白になった。武帝の征服欲は動かざるを得ない。かれは唐蒙を司令官に任命して、千人分の食料と一万着の軍服をたずさえ、宣撫《せんぶ》と探険をかねて夜郎へ派遣した。こうして西南シナの非文化地帯も、初めて中国本土の先進文化に接するきっかけが開かれたのであった。

それでは、四川と西南シナの奥地からビルマ北部にかけての地帯と、東南の広東方面との連絡のあることを、おぼろげながら知らせた枸の味噌とは、いったいどんなものであったのだろうか。四川の名物で、広東方面で愛用され、今日の広東の名物である蛇料理以上の珍物であったらしい。武帝の使節の一人であった唐蒙はその味が忘れられなかったので、会う人ごとにたずねたあげく、やっとのことでその来歴を知ったわけである。しかしこのことを書き留めた司馬遷の『史記』(西南夷列伝、五六)は、たんに「枸の醬」と書いているだけで、品物自体の説明をしていない。枸というのは桑の葉に似たもので、その実はいささかすっぱくて、ハジカミとショウガのような香味のあるものだと、後代の中国の学者が『史記』のこの言葉に注をつけている、そして枸の葉を醱酵させた枸の醬は、はなはだ珍味であるという。

このような説明から、これはアジアの熱帯地方に多い蔓茎植物のキンマの一種であろうと推定される。キンマは胡椒科に属するピペル・ベーテルの葉で、心臓形になっていて、長さは一〇センチ内外である。刺激性の味と特異な芳香がある。そしてこの葉の中に檳榔《びんろう》(アレカ・カテチュー)の実をくだいたものと牡蠣《かき》の貝殻を焼いて作った石灰を水でねって包みこみ、口でもぐもぐかむ。ベテル・チューイングという、一種のチューインガムである。ビンロウの実は、アルカロイドを主として脂肪分があり、やや酸味をおびた収斂《しゅうれん》性で麻酔性を持ち、赤色の色素が強い。だから、これをかんでいると、辛くてすっぱく、刺激性の香味があって陶然と酔った気分になる。一度その味を知ると、いつまでも忘れることのできない強い魅力がある。

それから単に酔いごころだけではない。これを口の中でかんでいると、唾液と胃液の分泌をよくして食欲を増進し、タンニンによって歯ぐきを引きしめ、さらに生食による消化器内の寄生虫を防ぐことができる。熱帯アジア住民の生活の知恵だといえる。

唐蒙使節が広東で食べた珍品、かれをして忘れさせなかった味と匂いと刺激と酔い心、そして後代の中国人学者の枸の説明を照合すれば、どうもキンマの葉のごちそうであったようである。ただし枸の味噌（醬）という味噌が、ビンロウの実をくだいたものを石灰とともに水でねったものであったのかどうか、今日ではわかりようがない。

キンマの葉にビンロウの実と石灰を包みこんでもぐもぐかむ風習は、太平洋諸島・南シナ・東南アジア・インドにかけて、古くから広く親しまれていた一種のチューインガムである。朝から晩まで口をもぐもぐさせている。人がくれば、必ず巻いたキンマの葉を出す。お互いにかみながら、赤黒いツバをペッペッと床に吐いて、頬を紅潮させながら軽い一種のほろ酔い気分を味わう。常用すれば口中は赤黒くなる。煙草のニコチンとヤニで、歯がきたなくなる以上である。しかし一度親しむと忘れられないし、またなくてはならない。現在のチューインガムとはやや性質を異にするが、チューインガムとカミ煙草を合わせたもの、いやそれ以上に刺激性の味と辛さと匂いと麻酔性があって、南アジアに広く普及していた奇習のひとつである。現代に入り、私はこの風習は大分すたれているように聞かされていたが、親しくインドの土地を訪れると、庶民とベテル（キンマ）は依然として切っても切っても切りはなされていない。

この奇習を書き留めた中国の古い記録として、私は唐蒙使節の報告以外にあまり深く知らないが、西南シナの奥地からビルマそしてインドにかけて古くから広まっていたようである。たとえばインドのサンスクリットの詩歌に、ベテル（キンマ）は一三の徳（効能）をかね備えていて、天上のパラダイスにさえないものだといっている。その徳とは、

一、するどい。二、にがい。三、あたたかい。四、あまい。五、アルカリ性。六、収斂性。七、胃腸内にガスがたまるのをいやす。八、タンを除く。九、寄生虫を下す。一〇、口の臭さを消す。一一、口中を美しくする。一二、清浄にする。一三、愛情の火を点じる。である。

そしてベテルは種々のサンスクリットの名称で呼ばれているから、古代のインド民族に親しまれていたのは事実である。

ベテル・チューイングについて、中世と近世初めの中国の南方関係地誌や本草博物書の記述は、実に詳細である。それから中世のアラビア人は、インドのベテル・チューイングについて多く留意しているが、ここではそれらをすべて割愛して、十三世紀後半のマルコ・ポーロが語っている、インド南部マドラスのチネベリーでの見聞を記そう。

ここの住民およびインド一般では、ベテルの葉を口中に入れてかむことが好きだ。ひとつには習慣だからであるが、ひとつには快感があるからだという。それをかんでいると唾液が出るから盛んに吐く。身分のある人びとは、その葉にカンフォル（竜脳）および他の香料薬品、あるいは石灰をまぜたものをかむ。はなはだ健康に有益だと私（ポーロ）は聞かされた。

もしある人を痛烈にあなどった方法で侮辱しようとするさいには、かんでいるこの葉と唾液をいっしょに、その人の額に吐きかけるのである。このように侮辱された者は、国王の面前に出て、その憤慨せざるを得ない事情を訴え、正邪を決闘によって明らかにしたいと申し上げると、国王はかれらに刀剣と小さな楯を賜わる。そして見物人にかこまれてたたかうのであるが、どちらか死ぬまではやめない。こんな場合にも、剣尖で突くことは禁止されている。

簡単に、そして明快に、インドにおけるベテル・チューイングの風習の根源をついている。上流の人たちは、ビンロウの実をくだいたものに、竜脳（カンフォル）・沈香（アガル）・竜涎香（アンバル）・麝香（ムスク）などの高価な香料と、カキの貝殼を焼いた石灰をまぜて水でねったものを、ベテルの葉の中に包みこんで、もぐもぐかんでいたことは、その他多くの外国人によって報告されている、しかし唾液とかんだ葉を吐き出すとき、他人の額に吐きかけると、重大な侮辱を意味することまで注目したのは、さすがにマルコ・ポーロ大先生であると感心させられる。このようにベテル・チューイングの吐き方にさえ一定のエチケットのあったことは、この風習が上下を通じて広く普及していたことを、私たちに告げるものがある。それと同時に、当時のインドの社会生活には、なかなか複雑な規律のあったことがわかる。決闘についてポーロはインドのほかのところで、これに関する規定を詳しく語っているが、ベテルとは別のことだから、おしいけれどもそれにはふれない。

さて、十七世紀のオランダ人とイギリス人のアジア進出に直接の導火線をつけたのは、オランダ人リンスホーテン（一五六三—一六一一年）の『東方案内記』であった。この有名な人物は、十六世紀後半のポルトガル人のアジア貿易を親しく現地で見聞し、一五九六年に母国オランダでかれの報告の一部である案内記を刊行した。一五九八年には、その英訳版が出るなど、異常な反響をよんだが、そのなかにベテル・チューイングの報告がある。それを読むと、私が親しくインドで見たところと、たとえ時代はへだてていても依然としてほとんど同じである。十六世紀の末から今日まであまり変っていない。いささか長文であるが、あえて記すしだいである。

ベテレあるいはペトレと呼ばれる葉（キンマ）は、インディェ人の日常の食物である。ベテレはインディェの沿岸各地に生ずるが、内陸にはほとんど見られず、またシナのような寒冷な地方とか、モザンビーク、ソファーラ（東アフリカ海岸）のような酷熱の地にも生育しない。その葉をインディェ人は非常に愛好するので、ここに詳しくのべようと思う。

葉はオレンジのそれよりやや大きく、やや尖る。全体が胡椒（ペッパー）そっくりで、ベテレと胡椒がならんで立っているのを遠くから眺めれば、ほとんど見わけがつかないくらいである。若干の葉が出るだけで果実はつかないが、住民の日常の糧《かて》であるから丹精をこめて栽培する。摘み取った葉は、長期間おいてもしなびることがなく、常にみずみずしい。インディェ人はこれを何十枚も買っておいて、男はもちろん女でも日に一、二ダースを口にしない者はなく、食事のとき以外は朝から晩までかみつづけるのである。家にいるときはいうにおよばず、街に出ても常にこの葉を手に持ってかみながら歩く。

また苦味があるために、マラバール人やポルトガル人がアレッカと呼ぶ果実（びんろうの実）といっしょにかむことがある。この果実をグザラーテ人、デカン人はスパーリと、アラビア人はファウフェルという。樹木は、ココの木すなわちインディェ椰子に似るが、それよりやや細く、葉もやや狭くて小さい。その果実は、形は糸杉の果実あるいは肉荳蔲（ナッツメグ）に似るが、もう少し大きめなものもあれば、片側が扁平で他の側が隆起したものもある。非常に堅い。小刀で、真中から切って、ベテレといっしょにかむ。中はローズ色がかった白色で、繊維が一杯ある。チェカニン（赤いびんろう子）と称するアレッカの一種がある。これはもっと小形で黒ずんでおり、すこぶる堅い。ベテレといっしょにかむのだが、木をかむようで、これといった味はないが、口の中でしっとりとする。口じゅう赤黒く染まって、まだ乾かないうちは、まるで歯も唇も黒ずんだ血をぺっとりぬりつけたようだ。またある種のアレッカはかんでいるうちに、ひねもす酒でも飲んだようにしたたか酔いがまわって、くらくら目まいがする。が、じきに醒める。

いろいろ混ぜてかむこともある。すなわち、まずアレッカ（びんろう子）、それにカーテといって、ある種の木材の抽出物のかたまりを丸めたもの（ガンビールの枝葉を煮つめて得たエキス。ガンビール阿仙薬《あせんやく》。）、カキの貝殻を焼いた石灰……少量だから、からだに害はない……を塗りつけたベテレの葉、これらをいっしょにかんで液汁だけを飲み込み、残り滓を吐き出す。これは胃のはたらきを良くし、口臭を消し、歯と歯茎を丈夫にし、また壊血病に効くという。たしかにインディエ人には、口臭や歯痛、壊血病がほとんど見られず、また相当な老人でも、たいてい完全無欠な歯を持っているところを見ると、このことは事実と思われる。けれども、前にも言ったように、かれらはいつも黒血を塗りたくったような口や歯をして、血のような唾を吐きながら歩く。

インディエ在住のポルトガル人の女たちにも、ベテレをかむ習慣がある。かの女らは、ベテレがなくては一日も生きられないと思っているのであろうか、就寝中も枕もとにこれを置いて、眠れなければいつでもかんで吐き出す。昼間は、家にいようが、外出しようが、いつもベテレを手に持って、絶え間なく口をもぐもぐ動かし、まるで牛かなんぞが反芻《はんすう》しているみたいだ。それというのも、女たちの日々の気晴らしといえば、せいぜい水浴をして戯れ遊ぶぐらいなもので、ベテレでもかむよりほかにすることがないのである。ポルトガル人の男たちにも、女たちの習慣に染まってベテレをかむ者がある。これらの女たちやインディエ人は、友人が訪ねてくると必ずベテレを出すのが慣わしである。客があらわれたらただちに、ベテレとアレッカ、それに小量の石灰をしかるべき木皿に盛ってすすめるのが最高のもてなしである。

ベテレはいたるところの町角、店々で販売している。旅行者や通行人たちのためには、数枚のベテレの葉、アレッカ一個、小量の石灰とカーテを、すぐかめるようにひとそろいにして売っている。住民はこれらの品々を、くだんの彩色を施した木製の皿にのせて常に身辺におき少しずつ混ぜてかむのである。まず一切のアレッカとカーテをかむ。次に一枚のベテレの葉を、長く伸ばして先を尖らせた親指の爪で、その葉脈をぬき取って、石灰を少しぬり、それからこれを丸めて口に差しこんでかむ。にじみ出た最初の汁は吐き出し、次の汁から飲みこむ。こうすれば、頭をさわやかにし、胃のはたらきを良くするという。吐き出したものは黒血のようだが、これはアレッカの色からくるのである。インディエ人は一般に、どこへ行くにも常にベテレとそれに附属する品々をたずさえて、かみながら行くが、それは人前に出るときは、口臭を消して身辺に芳香をただよわせなければならぬとの、たしなみのためでもあるのであって、とくに身分の高い人と話をする場合に、ベテレをたずさえていないのは大きな恥とされている。

さて国王とか大官ともなれば常住座臥《じょうじゅうざが》（ふだん、いつも）、その従者はベテレとその附属品を入れた銀の鉢を捧持し、主君の求めに応じてこれを差し出す。他国の使節が国王を訪問した場合、国王は使節の言葉がたとえ了解できても、権威を保って必ず面前の通訳を介してうなずき、おのれの返答も通訳を介して与える。その間、国王は寝床に横たわるかジュウタンに安座したまま、従者をしてベテレを調合させ、絶え間なくかんで、液汁はのみこみ、残り滓は、かたわらに置いてあるか、あるいは女ドレイもしくは王妃がささげ持った銀の器に吐き出す。これが、国王の使節に対する大いなる敬意の表現なのであって、もし王が自分の食べているのと同じベテレを使節にすすめでもすれば、それは格別の厚意である。

つまり、ベテレをたのしむことは、かれら一般の、日常の、ごくあたりまえの習慣なのである。

インディエの国王や大官は、アレッカ、カーテ、カンフォラ（竜脳）、沈香木の粉末、それに少量の竜涎香（アンバル）を混合した丸薬《がんやく》をベテレといっしょに食べる。アレッカのかわりに石灰を用いることもある。

ベテル・チューイングの説明として、これ以上に言うことはなにもない。目に見えるようである。圧巻である。重ねて私はいう。今日もインドの一般庶民の間では、だいたいこのとおりである。

シーロン島縁起――獅子はいないのに獅子の島という

先年、私がセイロン島を訪れたとき、セイロン、セイロンと言ったら、土地の人から、いやちがう「シーロン、シーロン」であるとおこられた。それでシーロン人というと重ねて「シンハリーズ」だと教えられた。シーロンはシンハラで、シンハリーズという。ジャパニーズであるのと同じだと、ていねいにある婦人が教えてくれた。

セイロン島（ではない国であると、かれらは豪語している）は、古くシンハラ・ディパ（Sinhaladvipa）と梵語（サンスクリット）で称されていた。シンハラは獅子（シンハ。ライオン）の棲息するところで、ディパは島である。「ライオンの島」にほかならない。そしてシンハラはシハラン（Sihalan）あるいはシーラン（Silan, Selan）と訛《なま》って、シーランと言われるようになった。だからシンハ（Sinha, Singha, Singa）であるライオンはシーロンで、その国の人はシンハリース（Sinhalese, Singhalese, Cingalese）である。このシーランをセイロン（Ceylon）と、近世のヨーロッパ系の人たちが呼びならわしたから、私たちはそうだと考えているのだが、正しくはシーランである。

四世紀代の中国人は、早くこの国を「師子国」とシンハラの意訳で伝え、それから「僧伽羅（シンハラ）国」とシンハラの音を中国流に称している。そして中世のアラビア人と十三世紀ごろの中国人

シーロン・ビールのレッテル

は Si-lan 細蘭と正しく音読している、
ところがである。ライオンは絶対にこの島に生育していない。それなのに、なぜライオンの島というのだろうか。私はこの理由をシーランの人たちにたずねると、かれらはみな、理由は知らないがライオンの島であることにまちがいはないという。シンハはライオンであるからとのこと。ビールも Sinha Beer で、通貨にもシンハすなわちライオンのようなものが刻してある。その他シンハなになにと、あげれば限りのないほどである。

そこで私が思い出したのは、七世紀の初半に中国本土から中央アジアを経由し、仏法を求めてインド各地を遊歴した中国僧、玄奘《げんじょう》の『大唐西域記』という旅行報告書のなかにある、「僧伽羅国縁起」の一節である。インドの南の国の王女とライオンとの間に生まれた王子が、セイロン島を初めて治めたという建国説話である。この話を私の下手な英語で、シーランの人たちにしゃべったら、よく通じたのかどうかわからないが、プロフェッサーはさすがにえらいものだと感心してもらった。

玄奘の伝えている話には、いくらか中国流の考え方や表現が入っているが、その全文をここに紹介しよう。原文は唐代の名文で、なかなか読みにくいから、むずかしい言葉には、読みと説明をつけておく。

むかし南インドに一国王ありて、女《むすめ》を隣国に娉《へい》す（とつがせる）。吉日（めでたい日）にとつぐを送って、路に（途中で）師子（ライオン）にあう。侍衛《じえい》の徒（おそばの守りをする人たち）は、女を棄てて難をのがる。女は輿《こし》のなかにあって、心に命を失わんことを甘んず（もうこれまでと、あきらめていた）。時に師子の王は、女を負いて去り、深山に入って幽谷に住む。鹿を捕え、果物を採り、時をもって資給す（助けあたえて養う）。すでに歳月をつんで、ついに男と女とをはらめり。形貌（顔やかたち）は人に同じくして、性（うまれつき）は種畜（たねとりに使用する家畜）なり。男はようやく長大にして、力は猛獣にまさる。年まさに弱冠（年若の男子）にして、人智はここに発す。その母に請《こ》うて曰《いわ》く（願い望んで言うのに）「我はなんの謂《い》ぞや（どのようないわれであるのか）。父はすなわち野獣にして、母はすなわちこれ人なり。すでに族類（親族）にあらず。いかんして配偶せんや（どうして夫婦になっていてよろしいのか）」と。母すなわち昔の事をのべて、もってその子に告ぐ。子の曰く「人と畜とは道を殊《こと》に（別に）す。よろしくすみやかに逃れ去るべし」と。母の曰く「我さきにすでに逃げたることあれども、自ら成就するあたわず（結局は自分を救うことはできない）」と。その子は、後に師子たる父を逐《お》うて（追いかけて）、山に登り嶺をこえて、その遊止する（しばらくそこにとどまる）を見て、もって難をのがるべしとす。父の去れるを伺い、ついに母と妹を担負（せなかにおい）して、下って人里におもむく。母の曰く「よろしくおのおの慎重に（つつしみ深く、こまかに注意）して、事の源を説くことなかるべし。人あるいは知聞《ちぶん》せば（聞き知れば）、我らを軽鄙《けいひ》せん（かろんじいやしむ）」と。

ここにおいて母の本国にいたるに、国には家族なくして宗祀《そうし》（先祖代代の祭り）は、すでにほろびたり。投じて（とどまって）邑人《ゆうじん》（村の人）に寄る。人これに言って曰く「爾曹《じそう》（おまえたち）は何国《なにこく》の人か」と。曰く「我はもとこの国のものなり。異域（外国）に流離し（さまよい）、子母あいたづさえて来って故里に帰れり」と。人みな哀愍して（あわれに思い）、さらにともに資給す（助けあたえる）。

その師子の王は、これに反して見るところのものなし。男女（母と子）を追恋して（恋いしたって）憤恚《ふんい》

（はらを立ていかること）は既に発せり。すなわち山谷《さんこく》を出て村邑（むらざとや町）を往来し、咆哮震吼《ほうこうしんこう》して（ほえたけり、怒り怨む声は天地をゆるがし）人物を暴害し（あらくはげしく害し）、生類（動物）を残毒す（殺したり害したりする）。邑人《ゆうじん》（村、里、町の人びと）すなわち出れば、ついに取って殺す。鼓《こ》（こ。ばちで打ち鳴らす楽器）を撃《う》ち、貝（ほらがい）を吹き、弩《ど》（いしゆみ）を負い、矛《ほこ》を持ち、群従して（隊伍を組んで）旅をなせば、しかる後に害をまぬかる。

その王は、仁化《じんか》（博愛を広く及ぼすこと）のあまねかざる（ゆきわたっていないこと）をおそれ、すなわち猟者をはなって、擒獲《きんかく》（捕獲）せんことを期す（決心する）。王は自ら四兵（まわりのすべての軍隊）をひきい、衆（多くの人びと、すなわち兵の数）は万をもってかぞう。林藪《りんそう》（林とやぶ）を掩薄《えんぱく》し（おおいつつみ）、山谷に弥跨《びこ》す（広がりまたがる）。師子は震吼して、人畜は辟易《へきえき》す。（相手（師子）を恐れ、道をあけて立ちのく）。すでに擒獲せざれば、ついでまた招募す（召しつのる）。その師子を擒執《きんしゅう》（捕えつかまえる）して、国患（国のなやみ）を除くことあるものあらば、まさに重賞（多大のほうび）をむくいて、式《しき》って（模範として）茂《も》績《せき》（功業のさかんにすぐれているしごと）を旌《あら》わす（彰表《しょうひょう》する）べしと。

その子は、王の令を聞いて、すなわち母に言って曰く「飢寒（飢えと寒さ）すでにはなはだし。よろしく募りに応ずべし。あるいは得るところあって相撫育せんと（互いに愛しやしなうことができる）と思う。」母の曰く「ここにかくの如くなるべからず（そのようなことは、決してあってはならない）。かれは畜（動物）なりといえども、なお父という。あに艱辛《かんしん》（なやみ苦しむ）なるをもって、逆害（反対に殺害すること）をおこさんや」と。子の曰く「人と畜とは、異類（類を異にするもの）なり。礼儀いずくにかあらんや。すでにもって違阻せり（へだてはなれている）。この心に、なにおか願わんや」と。すなわち小刀を袖にし（そのなかにかくして）出《いで》て招募に応ず。

この時、千衆万騎は雲の如く屯《とん》し（たむろする）、霧の如く集まる。師子はうづくまって林中にあれども、人のあえて近づくものなし。子はその前に近づくに、父はついに馴れて伏す。これにおいて、親愛して怒を忘る。すなわち刃を腹中にさすに、なお慈愛をいだいて、なお忿毒（いかり害すること）無きが如し。すなわち腹をさくにいたって、苦しみをふくんで死す。

王の曰く「これ何人なるか。かくの如く異（ふしぎなこと）あるや」と。これをいざなうに福利（幸福と利益）をもってし、これをおどすに威禍（おそれおどす）をもってす。しかる後に、具《つぶさ》に始末（ことの始めと終り）をのべ、あわせて情事（男女間の情愛に関することがら）をのべたり。王の曰く「逆なるかな。父にしてしかもなお害す。いわんや親にあらざるものをや。畜種は馴れがたく（馴合夫婦となることはまれで）、凶情（よこしまな心）は動かし易し。民の害を除くは、その功大なれども、父の命を断つは、その心は逆なり。重賞をもってその功をむくい、遠放（遠い他国に追放する）をもってその逆を誅《ちゅう》せん（とがめる）。すなわち国典（国の法典）はかかずして（まちがえないで）、王の言《げん》は弐ならず（二言はない。特に一度言ったことを取り消して、前とちがったことを言うようなことはない）」と。

ここにおいて、二つの大船を装いて（取りそろえて準備し）、多くの糧糗《りょうきゅう》（食料とくにイリゴメ）をたくわう。母は留《とど》めて国にあらしめ、周給（もれなく給与）して功を賞し、子と女は、おのおの一舟にしたがい、波にしたがって瓢蕩《ひょうとう》（流浪）せしむ。

その男の船は、海に泛《うか》んでこの宝渚《ほうしょ》（たからの島の海岸。すなわちシーロンで、古来 Ratnadvipa ——宝石の島という）にいたり、珍玉《ちんぎょく》の豊なるを見て、すなわちなかにとどまる。その後商人あり、宝を採ってまた渚中（海岸）にいたる。すなわち、その商主を殺して、その子女を留む。かくの如くして、繁息（ふえはびこる）して子孫は衆多となれり（人口が多くなった）。ついに君臣を立てて（君主と臣下の区別をたて）、もって上下を位《くら》いす（上下の階級を定めた）。都を建て邑（村や里と町）を築きて彊域《きょういき》（強い城）を拠有《きょゆう》せり（かまえた）。

その先祖は、師子を擒執《きんしゅう》したるをもって、よって元功（始めのいさおし）をあげて国号となせり。

その女の船は泛んで波剌斯《ハシシ》の西にいたり、神鬼に魅せられ（不思議な力で引きつけまよわされ）て、群女（多くの女）を産育せり（生み育てた）。故に今の西、大女国これなり。

古い伝説に見られる男性の動物と女性の人間との間に生まれた子供の話であるが、なにか心をうたれるものがある。井上靖氏は『羅刹女国』（昭和四〇年）のなかに、この一文を翻案して、「僧伽羅《シンハラ》国縁起」という名文をのせているが、そこでは玄奘の師子が虎になっている、井上氏は「長い年月の間に虎はいつか師子に変り、祖先が師子を屠《ほう》ったということで、師子を以て国号とし、師子の国と称するにいたった」と書いておられるが、これは正しくは師子《シンハ》で、虎とするのは正確ではない。ただし虎はシーロンに棲息しているらしいから、そう変えられたのか、私にはわからない。

しかし親である師子を、その子供があえて殺害するときの情景を、井上氏は心にくいほどの名文で描写している、畜類であるが、親として子供（は人間である）によせる愛情のせつないほどのやさしさが、ひしひしと心にせまるものがある。そこで氏の一節をここに借用しよう。（前の原文のなかで、――を引いてある三行の文章は、このように深い愛情のちぎりをふくんでいる。）

虎（正しくは師子《シンハ》である。以下みな同じ。）は真向から月光を浴びて、一箇の置物のように動かないで坐っていた。眼だけがらんらんとかがやいている。若者は暫く虎の方を窺っていた。父親という気持はなかった。倒すか倒されるかの敵であり、一匹の猛獣であった。虎は大きく見開いた眼を若者の方へ向けていたが、見ているのかいないのか、依然として動かないでいた。が、やがて、虎は除《おもむ》ろに躰《からだ》を上げると、前足で突張るようにして背を大きく反《そ》らせ、ひと声高く咆哮した。風が木々を揺すぶっている。虎は石の上を小さく半円を描いて廻ると、尾を垂れ、自分に近寄って来た不敵な若者を襲うべく、身を屈め、頭部を低くして身構えた。若者も亦虎に眼を当てたまま身構えていた。と、次の瞬間、虎はふいに躰の緊張を解くと、襲うことを忘れたように再び前脚を折り、ひどく他愛ない感じで、その場に身を伏せた。若者は相手がはっきりと自分が何ものであるかを認めたことを知った。

若者は近附いて行った。虎は動かないでじっとしていた。若者は猛獣の眼の中に懐《なつか》しさと優しさ以外のいかなるものもないのを見てとった。若者が石の上に登って行くと、虎はゆっくりと若者の方へ頭部を廻した。若者は虎の前へ行って、そこに身を屈めた。すると、虎は躰を横倒しにし、眼を細め、何とも言えない慈愛に満ちた眼眸《まなざし》で若者を見守った。若者はさすがに父である虎のこのような態度に胸を衝《つ》かれたが、そうした思いを突き離すようにして、懐中の小刀を索《さぐ》ると、いきなりそれを虎の腹部深く突き刺した。血が滴り流れて、巌《いわお》の上に黒い飛沫が飛んだ。虎は身を大きくもがいたが、なお怒りを忘れている風で、優しく若者を見守り続けていた。若者は満身の力をこめて、虎の腹部に突き刺してある小刀を上に引いて、その腹部を大きく裂いた。この時初めて、虎の顔には苦悶の表情が走った。虎は月光を飲み込みでもするように口を大きく開け、陰気な吼え声を、二三回高く低く引くと、そのままそこに身を投げ出して息絶えた。

私はこの一文を写しながら、涙をたたえている。弱い人間だと言われてもよろしい。たとえ猛獣と人間との不思議な、とてもありそうもない交合（男女のまじわり）と、その間に生まれた子供の話であっても、父親である猛獣が人間の形を持つ子供によせる愛情の切なさからであろう。七世紀の玄奘が伝えているこの伝説を、信用するかどうかは別として、とにかくインドで古く語られていたシーロン島の縁起である。玄奘の伝えている話は、多分に中国化されているところがあって、純粋なものではなかろうが、大筋はこのようなものであったろう。このようにして、シーロンは古い時代から、師子（シンハ）の島、あるいは国と称されていたのであった。だから住民は、シンハの子孫である。玄奘は、かれらについてこう記述している。

故に師子国の人は、形貌（顔や形）卑黒《ひこく》（低くて黒く）にして方頤《ほうい》（したあごが四角）、大顙《だいそう》（ひたいが大きく）、情性（こころ）は獷烈《こうれつ》（荒くはげしく）にして安んじて鴆毒《ちんどく》（ちんという毒鳥の羽を酒に浸して得る毒）を忍ぶ（こらえる）。これまた猛獣の遺種（のこした種すなわち子孫）なる故に、その人は多く勇健（いさましくすこやか）なり。これ一説なり。

はなはだもってシーロンの人たち（シンハリーズ）にはあいすまないような気もするが、大昔の人たちの一説であるからご辛棒願うことにしよう。

数年前、私がシーロン島で見たシンハの絵の多くは、ほとんどライオンに近い姿のものが多かった。ところがインド本土の新聞の広告に（たしかボンベイであったろう）、ここにあげているようなシンハの絵があった。ヒンヅー数の神さまの一人らしいのが、シンハにまたがっているらしい。このシンハは、実際のライオンとはいささかはなれているようだが、なにか近いもののようである。私はインド旅行中に、シンハの古画をできるだけ多く見ようと考えていながら、広く見ることはできなかった。しかし私には、シンハはインドで想像上の祥瑞《しょうずい》（めでたい、よろこばしい）動物ではあるまいかという気がしてならない。ライオンに近いとされていても、純粋のライオンで無いのではなかろうか。次にあげているのは、ジャイナ教のシンハの絵である。どうもライオンとは

シンハの図

ジャイナ教のシンハの絵

似ても似つかない。すこし以上にはなれているようだ。中国人は竜という祥瑞動物を、古くから愛している。大蛇に近くても、大蛇ではない。イマジナリー（imaginary）な、想像上の動物である。シンハはそれと同じようなものではなかろうか。

古くサンスクリットで、シーロン島の名をRatnadvipaと言っているが、これは「宝の島」の意味である。古来、シーロン宝石の産地として有名である。そのようなことから、名づけられたのであるが、宝の島はめでたい喜ばしい島であるから、祥瑞動物すなわちシンハの子孫の住むところだとするのは、私の名案であろうか。

それとも、前十五世紀ごろ中央アジアからインドに南下した、今日のインド民族の主体をなすアーリア人たちが、かれらがかつてなじみの深かったライオンにちなんで、シンハという祥瑞動物を作り上げたもので、これを古代インド人はシンハといった。そして宝の島であるシーロンに、かれらが進出したとき、シンハの子孫であると言ったのだろうか。想像はいろいろとはてしなく生まれてくるが、ここでは七世紀の玄奘のシンハラ国の由来を聞くだけにしておこう。

十六世紀前夜のインド商人

一五一二年から一五年にかけて、マラッカとインドからアジアの実状を、本国のポルトガルに書き送ったトメ・ピレス（一四六八年頃—一五四〇年頃）の報告（Suma Oriental que trata do Maar Roxo ate os Chins）がある。

ピレスはもと薬剤師で、マラッカでポルトガル商館の書記兼会計掛および香料（スパイス）の管理人の職についていた。かれはインドとマラッカを中心とするアジアの貿易状態について異常なほどの関心を示し、どこではだれとどう取り引きしたらよいかなどということを明らかにするという、きわめて実用的な目的のために報告を書いた。そして、かれの上げている商業取り引き上の数字などはきわめて正確であるが、とくにポルトガル人のアジア進出直前の、南アジアの通商状態を率直に語るものとして、唯一の根本資料である。

ところがかれの報告は、当時のポルトガル本国で秘密文書とされていたらしく、かれの貴重な報告のあったことは知られていたが、今世紀の一九三七年にアルマンド・コルテザン氏がパリでその写本を発見するまで内容は秘せられていた。コルテザン氏の英訳注本が刊行されたのは一九四四（昭和一九）年で、第二次世界大戦中であって、この英訳本でさえなかなか入手できなかった。私は一九五七

(昭和三二)年に鋭意努力して、ようやく手に入れたしだいであった。しかし一九六六年には、岩波書店の『大航海時代叢書』の一冊として『トメ・ピレス、東方諸国記』と題する訳注本が刊行され、現在では容易に見ることができるようになった。ここに記すのは、その一節である。

インドの西海岸、現在のボンベイ州の北部、アーマダバッドとバローダ地方は、昔のグジャラートでカンバヤの港を中心とし、インドでもっとも繁栄していた商業地帯であった。西はペルシア湾と紅海を通じて地中海諸国、とくにイタリアのベニスと結び、東はマレイ半島のマラッカと通じて東アジアとつながる、南アジア最大の貿易港がカンバヤであった。

ここの取り引き、とくにカンバヤの商人について、ピレスはこう語っている。

カンバヤ人は、商品の知識とその取り引きについてはイタリア人のようである。カンバヤの商品は、すべてグジャラートと呼ばれる異教徒の手にある。これは総称であって、ヴァネアネ、ブラミネ、バタマルという種族にわかれている。かれらは疑いもなく取り引きを完全に握っており、商品の知識が深く、それを完全に調和させている。したがってグジャラート人は取り引きを行う時には、あらゆる不正は赦すべきであるといっている。各地にはグジャラート人の居留者がいて、あるものを他のものと、他のものをさらに他のものと交換している。かれらは勤勉で、取り引きに当っては敏捷である。

かれらはアラビア数字で計算するが、それはわれわれ(ポルトガル人)がわれわれの数字で行うのとまったく同様である。

かれらは自分のものを他人に与えたり、お互いに他人のものを欲しがったりしない。このため、かれらはカンバヤで現在にいたるまで、異教徒の人びとのすべてから尊敬され、活動している。これはすでに述べたような取り引きで（本稿では省略する）、王国を非常に高貴にしているからである。

カンバヤには、またカイロの商人や、アデン（紅海の入口）やオルムズ（ペルシア湾の入口）の居留者や、多くのコラソン人（ペルシア）、ギラン人（ペルシア）がいる。かれらはみな、カンバヤの海岸の諸都市で大きな取り引きを行っている。しかし、かれらは異教徒（グジャラート人）に比較してみれば、特にその知識においては比較にならない。

われわれ（ポルトガル）の国民で、書記（エスクリヴァン）や商館員（フェイトール）になりたいと思う人びとは、当地で勉強しなければならない。なぜならば、商品の取り引きはそれ自身科学であり、他の高貴な実習を妨げることはなく、かえって大きな助けになるからである。

十五世紀のヨーロッパでもっとも尊敬されていた商人は、イタリア人、とくにベニスの商人であった。このベニスの商人の仲介をまたないで、アジアとくにインドに進出しようとするポルトガル人にとって、商業取り引きの先生はやはりベニスの商人であった。その先生と同じなのがインドのカンバヤ商人だと、ピレスは始めに言っている。カンバヤ商人の取り引き方法、商業道徳その他は前期的なものであろうが、ここで特に注目したいのは、カンバヤ商人がアラビア数字で計算しているということである。ピレスは、われわれの数字で行うのとまったく同じであるという。ここで早合点してもらってはこまる。当時のポルトガルで使用していた数字は、アラビア数字ではなくて、ローマ数字であったということである。これは記録ばかりではなく、計算においてもそうであった。

現在、私たちは１２３４５６……０と、アラビア数字を使用している。この数字を使用しているから、あらゆる計算ができるのである。平凡な、日常使いなれている数字の恩恵を、ともすれば私たちは忘れがちである。この数字はアラビア数字といわれ、中世のアラビア人を通じてヨーロッパ世界に知られるようになった。事実そのとおりであるが、その源流はインドである。ここにわかりやすいように、その図をあげている。インドから中世のアラビアに伝わり、十四世紀から十五世紀にかけてヨーロッパに広まったのであった。

それでも後進国のイベリア半島では、まだ従来のローマ式の数字を使用していたのであった。いま次にローマ数字とアラビア数字の計算の実例を示して見よう。ローマ数字は、今日でもまれに時計の文字板や年代をあらわす場合に使われているが、アラビア数字のように十進法ではなくて、

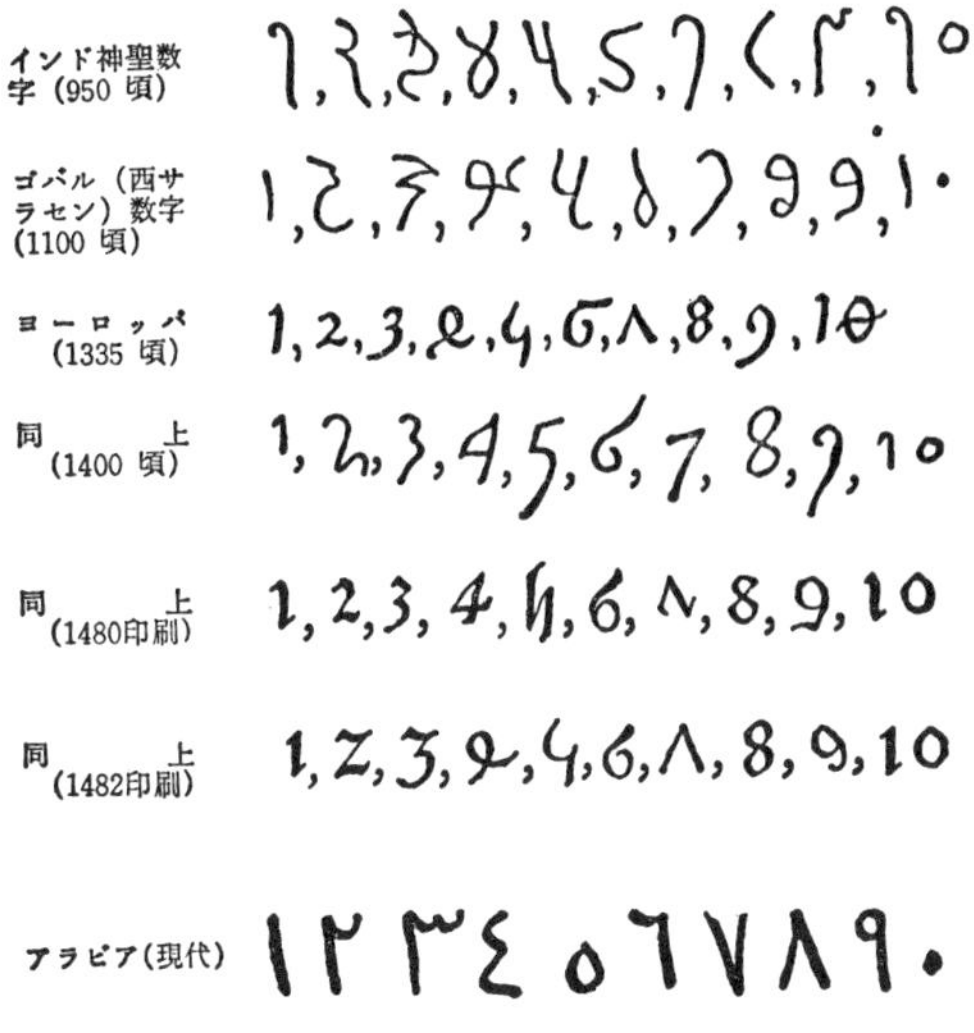

アラビア数字の変遷

DCCLXXVII	777
+ CC X VI	+216
DCCCCLXXXXIII (CMXCIII)	993

DCCLXXVII	777
− CC XVI	−216
D LX I	561

I (1)
V (5)
X (10)
L (50)
C (100)
D (500)
M (1,000)

のように五進法の色彩をおびている。そしていちいちちがう文字であるから、計算がスムーズにできる筈はない。だいいち零（0）をあらわすものがない。アラビア数字のゼロは、位どりをあらわすものとして実に至妙な発見である。数字と0があってこそ、私たちの計算はできるのである。よくわかってもらいたい。（吉田洋一『零の発見——数字の生いたち』岩波新書）

アラビア数字の本家本元であるインドのカンバヤ商人が、商業取り引きの計算にアラビア数字を使用していたのは当然である。なんの不思議でもなかった。しかし、それを知らない十六世紀初めのポルトガル人にとっては、驚異的な事実であったろう。ピレスが、アジアに進出するポルトガル人は、カンバヤで勉強しなければならないと言ったのは、単に商品の取り引き自体だけということではなくて、それ以上のものがあることを知ったからであろう。

ピレスの『スマ・オリエンタール』には、アニマ（霊魂すなわちキリスト教）の布教などということは、片言隻語《へんげんせきご》もない。かれにあるものは、アジア各地の商品とその取り引きの実体である。かれは報告書の序文にはっきり言っている。

私はスマ・オリエンタールの中で、各地方の王国や、地域の区分と、その境界についてばかりでなく、それらが相互に行っている取り引きと商業について語るつもりでおります。この商品の取り引きは、それがなければ世界は自らを維持してゆくことができないほど、必要不可欠なものであります。取り引きこそが王国を高貴に、人びとを偉大に、都市を高貴にするものであり、また平和をもたらすものであります。商品の取り引きが公平であることは、世界中の習慣となっております。私は、商品の取り引きについては、物事が真実に基礎を置いていることよりも良いことはあり得ない、ということを尊重しているということだけを申し上げておきます。

このように考えて、アジアの通商状態を率直に記述し報告したかれにとって、インド商人の商業取り引きと計算方法は驚異的なものであった。とくにカンバヤ商人においてである。

南蛮物語——日本におけるキリスト教時代

（その一）

天文一二（一五四三）年八月二五日（ただし旧暦である）の朝、鹿児島の南方海上にある種子島の、西村の小浦は奇怪な話でもちきりであった。

漂流した船の中の客は、どこの国の人か知らないが、なんと形の異様な人たちだろう。

中国人の通訳の話。

この人たちは西南蛮種の商人である。どうやら君臣の義を知っているようだが、いまだ礼儀のありそうな顔つきは見あたらないようだ。

かれらは酒を飲むときはコップを手にするが、サカズキを手にしない。また食べるときは手で食べ、ハシを取らない。ただいたずらに情のおもむくままに嗜欲《しよく》（たしなみ欲すること）にふけるばかりで、その理を通ずるための文字なども知らない。だが怪しむべき者ではない。

これは、ポルトガル人がシナ船でわが国に最初に漂着して、鉄砲という武器を伝えた『鉄砲記』の文である。

こうして始まったポルトガル人の日本渡来は、天文一八（一五四九）年八月にはフランシスコ・ザビエルの日本布教となり、鉄砲とキリスト教と通商が寛永一三（一六三六）年の鎖国までつづけられた。それまでは、中国（唐）と天竺《てんじく》（インド）以外の世界を知らなかった日本人に、新しくヨーロッパ世界のあることを知らせ、東アジア世界とはまったく異なった文化と文物に直結させた時代で、東南アジアの海上からヨーロッパ人はやって来たから、かれらを南蛮人と称し、この時期を南蛮時代という。

酒を飲むのに盃（さかづき）を手にせず、コップを持つというのはよろしいが、ナイフもフォークも使わないで手づかみで食べるという。まさかと思われるだろう。しかし十六世紀のころヨーロッパで一般の庶民は、ナイフとフォークを食卓で使用するまでにいたっていなかったのは事実である。うそではない。真実を伝えている。それから理を通じる文字を知らないという。通訳にあたった中国人が、かれらポルトガル人の横文字を解しなかったからではない。かれらは、自国の文字をほんとうに知らなかった人びとであった。南ヨーロッパのイベリア半島からアフリカ大陸をまわってインドへ、そして東南アジアのマラッカ、それから遠く中国本土の海上まで通商航海したポルトガル人、とくにおおやけの目をくぐって行動した無頼の徒に近い商人たちは、文盲の人たちが多かったろう。自分の国の文字を知らない。世界を股にかけて利益と情欲にふけるような人間でなければ、未知の日本まで万里の波濤を乗りこえて、やってくるようなことをしないだろう。これもまた真実である。

しかしかれらは、鉄砲を持っていることを忘れてはいない。鉄砲はかれら自身を守るとともに、他を攻める新鋭の武器である。かれら商人の行動は、ウソとカケヒキとチカラ（どろぼうと戦闘）を合わせた、前時代的な国際通商である。海賊と商業である。自身を守り十二分な利益を獲得するためには、新鋭の鉄砲がなければならない。

ところが当時の日本は乱れに乱れ、諸国に武士が割拠して、たがいに雄を争っていた時である。新しい武器の輸入と模造は、ときをうつさず全国的に広がった。一五四三年に初めて、薩南一小島の寒村の人びとに示された鉄砲は、それから三二年あとの、天正三（一五七五）年五月の長篠の合戦には偉大な効力を発揮した。織田信長は武田勝頼が陣をしいている前面に数段の木柵をかまえ、武田の有名な騎馬隊の突進に対し、この木柵を利用して柵内に銃卒を配し、武田勢が肉迫してくると一斉に射撃させた。第一柵が乗り取られると第二柵というふうで、勇猛な武田軍は第六柵まで突進したが、とうとう駄目であったという。出陣のとき将兵にナワと棒を持たせた信長は、これで武田の将卒をアミにかかったスズメのように、トリモチにして見せると豪語したそうだ。

鉄砲の偉力、その改善と利用普及にともない、戦争の方法、甲冑の製造、城の築造などに大きな変化をもたらした。寛永一四・五（一六三七・八）年の島原の乱で、石垣もろくろくない原《はら》の古城で、農民が九州諸侯の大軍を引き受けて数ヵ月にわたり頑強に抵抗できたのは、かれら農民のたのみとした鉄砲のおかげであった。

このように利用され進歩した火力も、徳川氏の鎖国政策の下に極端に制限され、一八五三年にペリーが浦賀に来航したときには、話にならないほど貧弱な日本の火力軍備であったと伝えられている。

クリスマスのために教会堂は、当地でできる限りの立派な装飾をほどこし、厩《うまや》を設けた。食堂は大きいけれども、集まってきた人びとをすべて収容することはできない。そこで、その夜のためにとくに仮の縁側を設けた。食堂にはこの町の人びとばかりでなく、他の町や村の人びとまで、祭りの一両日前に四、五レグア（一レグアは約五・九三キロ）も離れた土地からやって来た。信者たちはアダムとイブの堕落、ノアの箱舟を始め、旧約聖書のなかの物語をいろいろ劇に仕組んで演じた。せりふはすべて日本語に訳してあり、極めて熱心に演じたので、見物の人びとはみな涙を流した。食後にはビオラ（オルガン）につれてミサ（讃歌）をとなえ、多くの歌をうたって喜びをあらわした。信者たちは数年のあいだ懺悔を行わなかったので、ぜひ行いたいと言ったけれども、パードレ（神父）たちが日本語を解しないので、その望みをはたすことができなかった。この夜はたいへんな熱心さと涙で祭りを行ない、また説教が行われた。翌日、信者たちは習慣に従って贈物を持って集まり、この祭りを祝福した。

天正一〇（一五八二）年、織田信長が京都の本能寺で明智光秀に殺害された年は、ザビエルの渡来後、三三年めであった。当時のキリスト教徒の数は、近畿二万五〇〇〇人、大分一万人、長崎と熊本で一一万五〇〇〇人、計約一五万人であったという。そのころの日本の、近畿以西の人口は約一五〇〇万人であったから、一〇〇人に一人のキリシタンであったことになる。なんと意外な事実ではなかろうか。

神と子と聖霊の三位《さんみ》一体の教理を教わり、ヨーロッパの美術、音楽、印刷、医学、天文、言語、飲食、服装、生活などなど、従来唐《から》と天竺《てんじく》から教えられたものとは、まったく次元のちがう新しい世界観であった。三次元の世界に初めて接したのである。

うちつづく戦乱のなかの苦しみ、坊主の堕落、庶民の貧困など、あらゆる悪条件に満ちて闘争に明け暮れしていた日々であった。十六世紀にヨーロッパで旧来のカトリシズムに飽き足らず、極めて戦闘的で「貧窮、童貞、巡礼」を標語としミリタリスチックな組織であったヤソ（イエズス）会は、その創立者の一人で、ひと全世界を受けるとも、もしそのアニマ（霊魂）を失えば、なんの益があろうと、堅く信じ切っていたザビエル上人という高僧を日本に渡来させたのであった。

人を殺し傷つけ、自らを殺す（ハラキリ）ことを日常の茶飯事とする日本人である。そのくせ動物の殺生を厳禁して、鳥や獣の肉を食べないかれらである。仏教の教えからだといって精進潔斎を守るかれらである。このように極めて矛盾した生活を余儀なくされているかれらは、新しい三次元の世界観を持つキリスト教にすなおに飛びこんでくると、一人のポルトガル宣教師は日本から報告している。鉄砲のおかげで、新しい世界のあることを知ったため、新しい商業の利益のため、だけであったろうか。それとも三次元の世界観に、喜悦したためだろうか。従来この南蛮時代は、キリスト教の布教と弾圧、その殉教の色で塗りつぶされ、本稿の副題に書いているように、「日本におけるキリスト教時代」と言われている。そして寛永の鎖国のもとに、この特異な時代の考え方や生活は、ほとんど抹殺されてしまった。たとえ、かくれキリシタンといって、長い禁教弾圧の下に少数のキリスト教徒が、かろうじて信仰を保持した者があったとしても。このように、せっかくヨーロッパの三次元の世界観に接した日本人は、徳川氏の鎖国政策の下に、また旧来のアジア的二次元の世界観にあともどりしていたと言えよう。

しかしである。私たちの生活は、百の理論よりも現実の衣と食と住である。現実の庶民の生活はここにある。この衣・食・住の名称で、十六世紀のポルトガル(南蛮)人が伝えた言葉が今日まで生きている。

パン pão (今日でも英語のブレッドとは言わない) テンプラ tempero カステラ castella ビスカウト(ビスケット) biscouto 食品ではないがタバコ tabaco コップ copo

衣の関係ではメイ(リ)ヤス meias ラシャ raxa サラサ saraça ビロウド veludo ボタン botão カナキン canaquin カッパ capa ジバン gibão

住はトタン(板) tutenga など意外にすくない。まだヨーロッパ風の住居とまではゆかなかったのだろう。それからオルガン orgão カルタ carta などまだまだあるが略する。

ここにあげた少数の言葉でもわかるように、どれも実際の生活と密着している。とくに衣と食において。しかし生活と密着していてありがたくないものに、梅毒という性病がある。ナンバンガサ(瘡)と称され、アメリカ新大陸の発見によって、ポルトガル人からかスペイン人からかよくわからないが、とにかく南蛮人が将来した有名なものである。

キリスト教の高僧名知識は、新しいヨーロッパの文化と文物を直接に日本人に教えてくれた。しかし渡来した南蛮人の多くは、鉄砲を持っていても字を知らない。ナイフやフォークを使うことを知らない、手づかみで食べる人びとであった。かれらにとって、通商の利益以外にはなにものもない。多くの日本人を奴隷として、海外に輸出してはばからなかった。女奴隷としてジャバに売られた一人の日本女性の、故国を恋いしたって送った文《ふみ》が、有名なジャガタラお春の手紙である。渡来したキリス

南蛮屏風（部分）

ト教の僧侶は、日本人奴隷の輸出を禁止しあるいは制限しようとつとめたが駄目であったという。なかには僧侶の身でありながら、あえてした者さえあったと伝えられている。南蛮人の性格の大勢が察しられよう。

当時、渡来したポルトガル船を描写した南蛮屏風が、現在六〇ほど残っている。どれも無名の日本人絵師が描いたものである。そのなかのある一面に描かれている、アチラの人の部分図をここにさし絵としている。どれも中級以下（あるいは下級）のマドロスである。日本の筆と絵具と紙で、日本人の無名の画工が描いた。直接の描写か、また写しか、またまたの写しか、それはよくわからない。いろいろあったろう。しかし、じかに日本人の目で南蛮人を見て描いたものであることは、たしかである。さし絵を見られたい。南欧系のかれらの顔が実にすばらしい。かれらの顔の特徴がほんとうによく出ている。じかに南蛮人に接したのでなくては、このようなリアルな描写は生まれない。

十六・七世紀の約百年間、私たち日本人のある者が接した南蛮文化と文物は、それがなまなましいリアルなものであったから、たとえ三次元の世界観は忘れ去られても、リアルな衣と食その他の面で、今日までもなお言葉の上に生きつづけたのだろう。

（その二）

十六・七世紀のポルトガルのアジア進出は、アニマ（霊魂。キリスト教）とスパイス（ペッパー、シンナモン、クローブ、ナッツメグ）のためであった。この二つは車の両輪をなして、密接不離の関係にあった。とくに十六世紀の後半から、フランシスコ・ザビエル聖人を先達《せんだつ》とする耶蘇《やそ》（イエズス）会のアジア布教は、実に目ざましいものがあった。

西は東アフリカの海岸から、インドではゴアを中心としてペッパー（胡椒）の西南部海岸の一帯、そしてシンナモン（肉桂）のセイロン島、それから東南アジアではマラッカから、クローブ（丁子）とナッツメグ（肉荳蔻）のモルッカとアンボイナ、さらに東アジアの中国のマカオから日本にかけて、聖なる教えを熱狂的に説いたのであった。日本以外は、どこもスパイスの産地を中心にしてアニマが説かれている。

それでは一体どれくらいのキリスト教徒がポルトガルのヤソ会の布教によってできたのだろう。ポルトガルの海外発展史について根本史料にもとづき、四十数年来、研究をつづけておられるシー・アール・ボクサー教授は、最近この点に関し極めて精確な結論を出しておられる。(C. R. Boxer, The Portuguese Seaborne Empire, 1415–1825, London, 1969.)

教授はいう。十六世紀末のアジアのキリスト教徒は、東アフリカのソファラから日本の仙台にかけて、約五〇万から一〇〇万で、一〇〇万人に近いと見てよろしい。インドでは、ゴアが五万、南部マラバル沿岸の漁民が一三万、セイロンが三万、そしてゴアから北部にかけて約一万五〇〇〇だから、ペッパー地域とシンナモンを中心に、約二二万から二三万人である。東方のアジアでは、クローブとナッツメグのモルッカとアンボンが二万、マカオが三〇〇〇、そして日本が三〇万、約三二万人以上である。

そして信徒の総数は五〇万から一〇〇万までであるというから、日本の三〇万は、すくなくとも全体の三〇パーセントから五〇パーセント近くまでを占めていたことになる。驚嘆に値いする事実でなくてなんであろう。日本はスパイスの原産地ではない。ポルトガルの日本貿易は、マラッカ→マカオ→日本というラインで、アジアのポルトガルの中心地ゴアから、マラバル海岸（ペッパー）→セイロン（シンナモン）→マラッカ→モルッカ（クローブ、ナッツメグ）をつなぐ根幹路線（main route）の、ブランチ（支線）であった。シナの絹を日本に運んで、日本の安価な銀を手に入れることにあった。

天文一八（一五四九）年八月にザビエル聖人が鹿児島に足跡を印してから、二六年あとの天正三（一五七五）年五月の長篠の合戦では、ポルトガル伝来の鉄砲の偉力がものをいって、織田信長は武田勝頼の軍を撃滅した。そして信長が京都の本能寺で明智光秀に殺された天正一〇（一五八二）年には、近畿二万五〇〇〇、大分一万、長崎一一万五〇〇〇、計一五万人の信徒があったという。そのころの日本の近畿以西の人口は約一五〇〇万であったというから、一〇〇人に一人のキリシタンであった。これはザビエル渡来後三三年めである。そして一六世紀の末には、東北の仙台まで広がって三〇万人近くになったという。しかしなんといっても、その大部分は長崎県下で、それに天草（熊本県）がふくまれている。

このような事実を私たちは、どう解釈したらよいのだろうか。それまで完全に近いほど知らなかった、ヨーロッパの珍しい文化と文物に接したためもある。鉄砲という新鋭の武器、立体的な美術と音楽、新しい衣と食と住などもある。深眼緑目、白皙《はくせき》（白色人種）の人、異国の珍貨と鳥獣、意外な教義、進んだ医学や天文学とその他の科学、それは経験的で博学の集成であった日本の学問に対する驚異であったろう。

キリシタンとなったキリシタン大名は、それによってポルトガル貿易から生じる利潤をむさぼることができる。キリスト教と貿易は表裏一体をなしているから。そしてヤソ会を中心とする布教師（バテレン）たちは、極めて戦闘的である。ミリタリスチックな組織でミリタリスチックに教義を説くから、戦国乱離の武士に歓迎される。それに加えて当時の日本の坊主（ボンズ）の腐敗ダラクは、新来のキリシタンに多くの人びとの心を向けさせる。

しかしである。以上にあげた諸点は、従来多くの人びとによって指摘されているところである。もつと深い根本的ななにものかが新来のキリスト教にあったので、その時の日本人の心を深く引いたのではなかったろうか。

慶長五年（一六〇〇）九月、関ヶ原で徳川家康と戦って敗れた石田三成が、十月に京都の六条河原で斬られたときのことである。処刑の場にひっぱられてゆく途中でのどがかわいて、水を所望したが与えられず、熟した柿をさし出された。甘味のあふれる柿の方が水よりましであると、刑吏が同情してそうしたのだろうが（ただし私の推理）、三成はその柿に手をふれなかった。そのわけを聞かれると、自分は柿を食べると必ず下痢をする。それで食べないのだという。斬られる寸前まで生命を大切にしたのであった。ある人は、かれは最後の瞬間まで家康を討つチャンスをねらっていたので、最後の最後まで生命を保つことを考えていたのだという。家康に対する執念の深さとにくしみのあまりだと解釈している。しかし私は、そう考えたくない。かれはキリシタンの教えを知っていた。天主（デウス）の教えは、人間の生命の尊ぶべきことを説いた。たとえ斬られる寸前であっても、天から与えられた自己の生命は大切にしなければならない。これが、かれの信条ではなかっただろうか。

慶長一九（一六一四）年にキリシタン禁教令を家康は出して、キリシタンの布教師と信徒を国外に追放した。マカオに追放されたもの百余名、マニラに追放されたのは数十名、後者のなかに有名なキリシタン大名高山右近《うこん》と内藤如安《じょあん》があった。かつては摂津、高槻の城主として盛名を天下にはせた右近が、おめおめと追放にあまんじた。よぎなくされた。それでも腹を切らなかった。神から与えられた生命を大切にすることを教えられ、そう信じていたからであろう。

ヤソ会屈指の日本通であったルイス・フロイス（一五三二—九七年）は『日欧文化比較』という小冊子を天正一三（一五八五）年にまとめているが、そのなかでこう記している。

われわれ（ポルトガル人すなわちヨーロッパ人）の間では、それをおこなう権限や司法権を持っている人でなければ、人を殺すことはできない。日本では誰でも自分の家で人を殺すことができる。

われわれの間では、人を殺すことは怖しいことであるが、牛や牝鶏または犬を殺すことは怖しいことではない。日本人は動物を殺すのを見ると仰天するが、人殺しは普通のことである。

当時の封建道徳では人命が極めて軽視されていて武士の場合、主人が下人《げにん》の生殺与奪の権利を有し、腹切り、首切りが日常の茶飯事とされていた。また仏法で牛馬や鳥を始め家畜類を殺して食用に供することをいましめていたから、それらは殺さないが、人間の生命をたつことは平気であった。フロイスはこのような矛盾に注目したのである。さらにかれはいう。

われわれは唯一万能のデウス（天主）に対して、すべての現世および来世の幸福を希う。日本人は神に現世の幸福を求め、仏にはただ救霊のことだけを希う。

現在の日本でも、神と仏に対する考え方には、このような考え方がなお一部にあるのはいなめない。生命の尊いこと。天主のおめしがあるまでは、生命は大切にしなければならないという考え方は、十六世紀の後半のポルトガル宣教師たちによって始めて日本人に教えられたのであった。たんに革命的な教えであったといってすまされるものではない。日本人が従来、知りそしてさとっていなかった高い次元の教えである。石田三成や高山右近が大名としての個人の誇り（プライド）よりも生命を大切なものとしたのは、このような教えをよく受け入れていたからだろう。

それからまだいわねばならないことがある。インドの西南部、マルバル海岸の信徒一三万人の多くは漁民であった。日本の信徒三〇万人のうちの八〇パーセント近くは長崎県で、とくに県下の海岸や離島の漁民がその大部分を占めていたことである。インドのヒンズー教では、鳥や獣の肉はもちろんのこと、魚類を食することまで禁じている。日本では魚類は食べていたが、それを捕える人たちは、インドと同じように賤民と見なされていただろう。かれらにとって天主の前には、現世でも来世でも、人間はみな平等である、高い低いはないと説かれることが、インドでも日本でも漁民の間に信仰を得た根本であったろう。日本ではキリシタン大名を中心とする当時の武士の上層階級から始まって、下層と見なされていた農工商の人たちに、バテレンによって熱心に天主の教えが直接に説かれた。十六世紀の終りから十七世紀の前半にかけて、ざんこくきわまりないキリシタン弾圧がおこなわれ、多くのキリシタン大名と武士や商人は転宗しても、長崎県下の離島の漁民の間には、徳川三百年の政権の下に、キリシタンの教義を保持し、明治の初めにそのことがキリシタンの復活として世に知られた。有名な「かくれキリシタン」である。

寛永一四・五（一六三七・八）年の島原の乱で、石垣もろくにない原の古城で、農民（半農半漁の人びとが多かった）が九州諸大名の大軍を引受けて数ヵ月間、頑強に抵抗できたのは、かれらのたのみとした鉄砲の偉力であったという。そして反乱の原因は、キリシタン弾圧と租税の苛斂誅求であったという。

どちらもそのとおりである。しかしいまひとつ、私が特に強調したいのは、虫けらのように信徒を弾圧し殺戮したことに対する、信徒の天主から与えられた生命を大切にすることと、天主の前には、たとえ賤民と見られていても平等であるという信念が厳としてあったから、あのように強力なレジスタンスが数ヵ月にわたってつづけられたということである。

十六世紀の後半から十七世紀の前半にかけての約百年間、日本のキリスト教が燎原の火のように受け入られ、三〇万人近くの信徒があった。このことを、従来まで知らなかったヨーロッパの文化と文物に対するあこがれ、珍異の念、驚嘆であったなどと解釈するのは、皮相な考え方ではなかろうか。生命を大切にすること。神の前にはみな平等である。現在ではあたりまえのことである。いやしかし、昭和二〇年以前には、死は鴻毛よりも軽いといってはばからなかった時もあったほどである。それが十六世紀の後半に、すでにそうでないことが教えられていた。日本のキリスト教時代は、このような次元の世界観を教えられたから出現したのであったと私は解釈し、またそう信じている者である。

日本での愛人の像を畢生の大著にのせたシーボルト先生

私たち研究者は著書を出すと、先学に、恩師に、友人に、妻に、子供に、序文などで感謝の意をあらわし、あるいは献呈の言葉を記すものである。しかし、わが国では「最愛のかの女にささげる」なんていうことは、すくないようだ。ことに研究的な本ではなおさらのことである。まして自分が留学していた外国でなじみを深めていたかの女に呈するなどとは、もってのほかのことだろう。研究的な著作には、ロマンスもヒューマニティーも、必要がないというのだろうか。それとも世間体をはばかってのあまりか。

ここに記そうとする独人フィリップ・フランツ・フォン・シーボルト（一七九六—一八六六年）は、かれの畢生の大著『ニッポン』（一八三二—一八五四年刊）に堂々と、かれの日本滞在研究中の愛人「其扇（そのぎ）」の像をのせている。かの女は長崎、丸山の花街（いろまち）引田屋の遊女で、本名は楠本タキであった。図版を見てもらたい。髪のゆいよう、クシとコウガイ、着物のきこなしなどから見てよくわかるだろう。オタキサンをなまって **OTAKSA** と書いてある。大著、それも極めて大版の図録の一頁大にのせてある。かれシーボルトは多くの日本人の像をのせているから、オタキサンの絵は、日本女性の一人としてであろう。かれは、この大著を「オタキサンに呈する」とは書いていない。しか

おたきさんの像

し堂々と日本滞在中にこの上もなく愛した女性の像と名をあげてはばからないところに、かれの面目躍如としたものがある。

ではシーボルト先生とは、どんな人だったのか。かれは文政六（一八二三）年二八歳で、長崎・出島オランダ商館の医師として日本研究のため、オランダ東インド会社から派遣された。熱心な医学者であり博物学者であり、あらゆることにインタレストを持つ雑学者であった。シーボルト研究で有名な故呉秀三博士は、かれを万有学者と言っておられる。まさにそのとおりである。新進気鋭のシーボルトは、日本研究によって、ヨーロッパの学界に名声を得ようと念願したのであった。かれは出島に上陸してから三ヵ月あまりをへて、一八二三年一一月一八日附書翰をかれの叔父に送り、そのなかにこう書いている。

私は、幸運にも日本に着いて、全範囲にわたる自然学および医学の分野において休みなき仕事に従事し、私の生涯の最も愉快な日日をすごしています。世界の最も注目すべき国を探求することになりました。明年は、日本における内科・外科・産科の現状に関する一コの興味ある論文を送り、年年これを継続しませう。……私は、多くの動物学上の発見や、さらにはるかに多くの植物学上の発見をいたしました。……私は、当地で自然学および医学について、オランダ語で毎週講義をしています。

六年以内には、それより前には、日本を断じて離れません。日本に関する精細な記述、一コの Museum Japonicum 一コの Flora を仕上げるまでは。そのあかつきには、私はヨーロッパにおいてわれらの家名をあげることと信じます。

かれの熱意と旺盛な研究意欲は、日に進み、着任早々、出島ですでに医学の講義を開き、日本研究がまとまるまでは日本を去らないと決意している。そしてかれの名声が広まるにつれ、日本の当局者も、かれのすぐれた医学と医術を受け入れるため、当時としては破格の措置として、長崎の郊外、鳴《なる》滝《たき》に宿舎を設け、医学の授業と診療にあたることを許可した。鎖国時代、在留のオランダ人は、出島の一郭に限って居住を許され、それ以外の場所への出入は厳禁されていたのであるから、シーボルトに対するこの措置は、当時としてはまことに破天荒そのものであった。

シーボルトの鳴滝学舎は、当時の日本で唯一の、ヨーロッパ医学を中心にヨーロッパの文化と文物を授業するところである。全国の有為な青年が門下生として集まった。かれは門下生にヨーロッパ医学を教えるとともに、かれらに日本の人文と自然の調査リポートを提出させ、かれ自身の研究資料とした。一八二六年には、出島商館長に従って江戸へ行き、往復の途次の観察、有名人や学者との会見そして交際など、周到な研究を行なっているが、学者としてはもちろんのこと、政治家としての手腕を発揮している。名医シーボルトの名は、日本の政界と学界を風靡した。そして、かれの日本の動物・植物・物産・医学・地理・人類などに関する報告は、ヨーロッパの学界でかれの名声を高くした。

しかし当時は、徳川幕府の小児病的な鎖国政策の時代で、日本の諸事情をひたかくしにかくして、できるだけ海外に知らすまいとつとめたときであった。特に日本の地理上の知識などを極秘としていた。シーボルトの日本研究の熱意が高まって、研究が進めば進むほど、かれは国禁にふれることになる。一八二八（文政一一）年一二月、六年間におよぶ研究の豊富な資料を持って帰国しようとしたが、地図、地誌、戦記、刀剣など輸出禁制品のあることが発覚して、かれは罪に問われ、門下生はもちろん、友人とかれに関係した学者、官吏、その他、すべて獄に入れられ、いわゆる「シーボルト事件」を起した。今日から見ればなんでもないことであるが、学問研究に対する一大弾圧であったともいえよう。こうして、かれはようやく一八三〇年一月に、日本再渡来を禁ぜられ、禁制品以外の研究資料を持って帰国を許可された。もちろんかれのことであるから、当局者にいろいろと手をまわして、禁制品あるいはその写しなども、できるだけ多くかくして持って帰ったようである。

帰国後、オランダのライデンに居住して、オランダ、フランス、ドイツなどの学界と政界によびかけ、日本再渡来を念じていた。この間、かれの名を不朽にした次の代表的な著述が刊行された。

『日本』　　　一八三二―五四年刊。

『日本植物誌』一八三五―七〇年刊。

『日本動物誌』一八三三―五一年刊。

そして日本を追放されてから三〇年目の一八五九年（六四歳のとき）に、日蘭両国の交渉によって、日本再渡来を許可されて渡来し、一八六二(文久二)年まで、オランダ商事会社の社員として、また徳川幕府の(外交)顧問として活躍したが、再渡来の四年間は、学者というより政治家としての動きが主であった。

二八歳で日本に初めてきた少壮学者である。極めて精力的なかれである。女性がなくてはならない。かれは丸山の遊女、其扇(芸名そのぎ。本名楠本タキ)をめとった。そして一八二七(文政一〇)年に、出島オランダ商館内で一女を生んだ。イネである。愛人のオタキさんとイネに対する愛情は、かれの日本研究の熱意と同じように、限りなく深く切なるものがあった。

罪を得て一八三〇年一月に帰国するにあたり、門人たちに愛人と幼女のことを、くれぐれもたのんでいる。かつての鳴滝学舎を中心に三〇〇〇坪の土地を愛児イネの所有とし、かの女と母の生活について心配のないよう、あらゆる限りの手当をつくした。それでもなお案じたのか、門人のなかで特に信頼していた二宮敬作を見込んで、親子二人の行末のことをくれぐれもたのんでおいた。それからオタキさんとイネの毛髪をもらいうけ、両人のかたみとして、海のかなたでも、両人の体臭をいつまでもわすれないようにした。そして漆の香合《こうごう》(香料を入れる容器)のフタの表面にオタキさん、裏面にイネの像を描かせて持って帰った。(この香合は、径三寸六分位、厚さ一寸位である)泣きに泣いてわかれたのである。同伴して帰国したいのはやまやまであるが、日本の法律が絶対に許さなかった。

シーボルトは一八三〇年七月七日、オランダのフリッシンゲン港に着いた。かれよりオタキさん宛書翰のうち、ヨーロッパ帰着後の第一信と認められる書翰の書き損じ、あるいはむしろ下書であろうというものが残っている。それは、藤の花と女郎花（おみなえし）とを色摺《いろずり》にした奉書（コウゾで作った上質の和紙）の半切（全紙をたてに二分して切ったもの）に、シーボルトが毛筆を用い、墨でしたためた片仮名の手紙である。（ベルリン、日本協会所蔵）

ソノキサマ　マタ　オイ子　カアイノコトモノ
　　シボルト
一ワタクシヮ　七月七日　オランダノミナトニ　イカリヲ　ヲロシタ
一フ子ニ　ワレ　スコシ　ヤマイテヲル
一タ、イマ　タイブン　イト　スコヤカ
一ニチニチ　ワタクシヵ　オマエ　マタ　オイ子ノナヲ　シバイ〱　イフ
一ナントキワ　オマエヲ　マタ　オイ子　モット　アイスル　モノヲ　ミルナ
一ワタクシヵ　一人　オランダ　マタ　オウルソン　マタトウ人　マタリヨウリ人　ナカマアル
五人　コマイヘヤニ　スミム
オマ（以下文字なし）
「裏面（鉛筆でしたためてある）」
一ワタクシノ　カ、サン　イマタ　イキテヲル
ワレカ　アノヒトミタ　ハルノトキ　ワタクシノクニニ　ユク　二三月　カノトコロヨツテヲル
一コノタヒ　アナタニ　マタ　オイ子ニ　メツラシ　モノヲ　ヲクリス、ム
一ウツクシチコヲクノドキ（以下文字なし）

其扇様、またお稲、可愛の子供の　シーボルト
一私は、七月七日にオランダの港（フリッシンゲン）に入津しました。

一航海のために、少し健康を損《そこな》いましたが、ただ今は大分健《すこ》やかになりました。

一私は、あけくれ、お前やお稲の名を、しばしば呼ぶのです。

一何時になったら、お前やお稲を、私以上に愛する者が、この世に現れませうか。

一私と、オランダ人、オウルソン（Orson）、唐人、料理人、合わせて五人、小さな室におります。

一お前（以下文字なし）

「裏面」

一私の母は、今なお健在です。私は、母上に面会します。春になったら、故郷に帰り、二三ヵ月滞在するつもりです。

一このたびお前やお稲へ珍しい物を送ります。

一美しき春の季節（以下文字なし）

次は日本に残されたノソギさんから、一八三〇年一〇月二四日「しぼると様」への手紙である。

去年十二月廿一日出の書状、こんねん七月に拝しまいらせ候。まずとや（なにはともあれ）御前様（ごぜんさま）はじめ御かか（母上）様、御きげんよく御くらしなされ候よし、まんまん（万万。非常に）うれし（く）ぞんじまいらせ候。しかれば（そこで）、おいねはじめ、みなみなそくさい（息災。無事。達者）にくらしまいらせ候。はばかり様（さま）ながら（おそれ多い次第ですか）、御きもじ（心）安くおぼし召（めし）下され候。おいねことも、日々とせいじん（成人）いたし（心身が十分に成長し）、きげんよくあそびまいらせ候間（あいだ）、何（な）にも御あんじ（心配）なされまじく候。毎日毎日、あなた様の事ばかり申し居り候。

随分（ずいぶん。なかなか）きりょう（器量。顔かたち）もよろしく、りこう（利口。かしこい）においたち（生い立ち。生長）まいらせ候。みなみな、よろこび居り申し候。どうぞ今一度、御前様の御目にかけたくぞんじまいらせ候えども、かない申さず候。これのみ、みなみなざんねん（残念）におもいまいらせ候。御前様こと、いかが御暮（くら）しなされ候や。毎日毎日、あんじまいらせ候。

一ぎん（銀）のことも、びるげる（ビュルゲル）様の御せわにて、おじ方よりとりかえし、又びるげる様より五貫目おくり下され、二口しめて十五貫目こんふら（コンプラ仲間）へあずけまいらせ候。毎月百五拾匁づつ、こんふらより利ぎん（利銀）受けとり申候。これみなびるげる様、でひれにふる（デ・フィレニュフェ）様のさしず（指図）にまかせ、かようにとりはからいもらいまいらせ候。

一わもじ（私）事も、こんねん正月に、よぎなく（しかたなく）ぎり（義理。世の道理）にて、他え嫁し申候。ずいぶん（なかなか）よき人ゆえ、そうだんいたし申候。この段御あんしん（安心）下され候。さて又伯父方より、去年ぜひぜひむこ（聟）とるよう、そうだんいたしまいらせ候えども、何分わもじ（私）のき（気）に入り申さず、ことにおいねのためになり申さず、行末もおもいやり、へんがえ（変え改める）いたし申候。わもじ（私）さん（参）じ申し候ところは、かごまち（籠町）和三郎と申す人に御座候。おいねを大いにあい（愛）し、よき人ゆえ、何も御あんじなされまじく、少し年はわか（若）くおわしまし候とも、家内みなみなよき人ゆえ、わもじあんしんいたし申候。こまごま（細々。委細）のことは、又のたよりに申あげまいらせ候。只今のところは、姉おつね七月になくなり申し候ゆえ、この方へおいね、みなみなまいり居り申し候。るすもり（留守もり）かたがた、みなみなこうじや（麴屋）町に居り申し候。みなびるける様のさしず（指図）、大いにせわ（世話）に相なりまいらせ候間、御前様よりも幾（いく）もよろしく、ようびるける様え御礼くれぐれも御たのみ入りまいらせ候。こまごま（委細）の事は、びるける様の御状にて御しようち（承知）下され候。

一はなたばこ（花煙草）入れに、おいね、わもじの画（え）をしるし、おくりまいらせ候間、よくよく御らん下され候。おいねのえづ（絵図）つけ候方は、かか（母上）様え進じまいらせ候。わもじのえづつけ候方は、御前様え進じまいらせ候。

一そまつ（粗末）に御座候とも、わもじしたて（仕立）まいらせ候きもの（着物）おくりまいらせ候間、御めし（召）下され候はば、やまやま（たいへん）うれしぞんじまいらせ候。

一去年おくり進じまいらせ候わもじの手紙とどき申し候や。あんじまいらせ候。おいね事も大いにせいじん（成人）いたし、あなた様のことばかり、毎日毎日はなしまいらせ候。一日もわすれ申さず候。おいおい（追追）きりょう（器量）もよくなり、殊のほかりこう（利口）におわしまし候。

一わもじ事も御前様の御かげにて、おいねと二人くらし候ても、何にも不自由の事もこれなく、みなみな大いによろこび入りまいらせ候。こののち（後）もどうぞおみすてなく（き）よう、くれぐれも御たのみまいらせ候。おかか様へも、まんまんよろしく（き）よう、はばかりながら御たのみまいらせ候。別に書状差上可（さしあぐべく）申し候えども、かり筆（代筆）ゆえ、わざと延引いたしまいらせ候。さて又おるそん（Orson）へも、はばかり様ながら（恐れ入りますが）、よろしく御つたえ下され候。どうぞしんぼういたし候よう、御申しきけ下され候。何事（なにごと）も御前様より、よろしく御たのみまいらせ候。相なるべくば、今一度御めもじ（お会い）いたしたく候よう、おいねはじめ、毎日毎日かミ（神）かけ願い入りまいらせ候。何分（なにぶん）御きげんよく、御みなみな様、御くらしなされ候よう願いまいらせ候。又のたよりに、こまごまと御文（ふみ）下され候よう、くれぐれも御たのみ入りまいらせ候。

一御前様の御ようじ（用事）も御座候はば、御申しこし下され候はば、ととのえ（調え）、おくり進じまいらせ候間、御きもじ安く御申しこし下され候。おるそんにも、何（なん）ぞようむき（用向き）も候えば、申しこし候よう御申しきけ下され候。何（なに）にてもととのえおくり進じまいらせ候。

一おいねに、いざらさ（い皿紗）二三反、又外にいしょ（医書）こんすへるふ（Consburch）、ちつとまん（Tittman）、どうぞ又のたより（便）に、おくり下され候よう、御たのみ入りまいらせ候。

一この方ミナ無事にくらしまいらせ候間、御きもじ安くおぼし召し下され候。申しあけたく（き）事は、やまやま御座候えども、かり筆ゆえ心にまかせず、あらあら（ざっと）申しのべまいらせ候。おいね事、何も御あん（案）じなされまじく候よう、くれぐれも御たのみ入れまいらせ候。御前様の御きげんよく御くらしなされ候事、かみ（神）かけいのりまいらせ候。まづは、あらあらようじ申しあげまいらせ候。めでたくかしこ。

十月廿四日　そのぎ　より

志しほると様

この手紙の終末には Deze brief werd vertaalen door zekere oud leerling.（この書翰は旧門人翻訳す）と記してある。この日本文はソノギの口述したもので、門人の一人がオランダ語に訳したものと必ずしも一致していない。私は読みやすいように句読点をつけ、仮名づかいを改め、括孤内に漢字あるいはその意味などをそえておいた。

かれシーボルトとソノギそしてイネとの往復書簡はまだあるが、今は省略せねばならない。とにかくこのように綿綿として絶えない愛情のほとばしりが、大著『日本』のオタキさんの一頁大の像となったのであるとは、言いすぎであろうか。それからかれは、日本でアジサイの花をこの上もなく愛して、**Hydrangea Otaksa** という学名をつけ、花の絵を大著にあげている。オタキサンにちなんで、学名までつけた。皆さん、オタキさんが愛人シーボルトの帰国後、俵屋時次郎の妻となったことについて、深くとがめないでほしい。これもまた当時の風習のせいである。

さて年はうつって三〇年後の一八五九年（安政六年七月）のことである。シーボルトは念願の日本渡来を許可され、長崎の出島に長男アレキサンダー（時に一四歳）を伴って上陸した。（かれも本国で妻をめとったのであった。日本のオタキさんばかりを責められない）。そのときかれは六四歳、オタキさんは五三歳、愛娘イネは三三歳で、医師・石井宗謙の妻として八歳のタダ（後の山脇タカ子）があった。ある日、オタキさんは、イネと孫のタダを伴って、出島のオランダ商館でシーボルトと再会した。互いに相見ることのなかった、三〇年という長い年月の空白であった。語ることはつきなかっただろう。長男のアレキサンダーは、その後日本で学び、一八六一年に英国公使館の通訳となった。一八七〇年から九二年ごろまで、日本政府の外交交渉を助けた。親子二代にわたる親日家であった。ところでシーボルト翁は、三〇年前に日本を去ったとき持ち帰ったソノギとイネの毛髪、そして二人の絵を描いた香合を、両人にふたたび手渡したという。この香合は、現在も残っている。

なんという美しい愛情の結晶であり、執念ではなかろうか。シーボルト翁は、一八六二年に日本を去るまでの四年間、イネ女を女医として熱心に教育し、かつての愛情を惜しみなく与えた。かれの日本研究は不朽である。と同時に、人間シーボルトをあえてはばからないところに、かれの面目躍如としたものがある。

あじさいの、色は変れど七色《なないろ》に

変り変りてもとの色

という俗謡のとおりだろう。

あとがき

本書は冒頭の一文をとって『香談』という。現代以前の昔の香料の匂いが、私たちの人間生活にとってどんなものであったのか。用途の面から訴えたのである。それから、熱帯のアジアに産した香料を、西方のヨーロッパとイスラム、東方・中国と日本の文化圏が、おのおのどのように熱烈に求めたかを記しているから、「東と西」と添え書きしている。

本書の各文はこの十年ほどの間に、各方面から乞われるままに草したものである。できる限り平易に、多くの人にわかってもらうように、私の四十数年来の香料史研究の一端を洩らしたつもりである。ある時はロマンであり、あるところはヒストリアであったりする。随筆であるようで、そうでないふしもある。私の筆と文のいたらぬせいであろうが、歴史上の事実については十二分の確信を持っている。いちいち典拠をあげるような野暮なことはしていないが、お尋ねを受ければいつでもお答えできる。直接原典と原資料にもとづいているから。

全体を通読していただけば、史的な随想であっても、東西にわたって香料史全体の姿が浮ぶ筈である。香料というものの実体を知らなくては書けない一書であるということを、あえて申しあげてはばからない。

著者略歴

山田憲太郎（やまだ　けんたろう）

1907年長崎県に生まれる．1932年神戸商業大学卒業．22年間香料会社に勤める．名古屋学院大学教授．1950年文学博士．1977年日本学士院賞受賞．1983年2月死去．

主著『東亜香料史』(1942)『東西香薬史』(1956)『東亜香料史研究』(1976)『香談・東と西』(1977)『香料の道』(1977)『香料』(1978)『スパイスの歴史』(1979)『香薬東西』(1980)『南海香薬譜』(1982)

香　談　東と西

1977年11月1日　初版第1刷発行
2002年6月1日　新装版第1刷発行

発行所　財団法人　法政大学出版局
〒102-0073　東京都千代田区九段北3-2-7
電話03(5214)5540／振替00160-6-95814
印刷／平文社　製本／鈴木製本所

Printed in Japan

ISBN4-588-35227-X